分布式光伏并网实操实训

FENBUSHI GUANGFU BINGWANG SHICAO SHIXUN

国网陕西省电力有限公司 编

电子科技大学出版社
University of Electronic Science and Technology of China Press
·成都·

图书在版编目（CIP）数据

分布式光伏并网实操实训 / 国网陕西省电力有限公司编. — 成都：电子科技大学出版社，2023.12
ISBN 978-7-5770-0685-7

Ⅰ.①分… Ⅱ.①国… Ⅲ.①太阳能光伏发电 Ⅳ.①TM615

中国国家版本馆CIP数据核字（2023）第217580号

分布式光伏并网实操实训
国网陕西省电力有限公司 编

策划编辑 段 勇 魏 彬
责任编辑 魏 彬 段 勇
责任校对 刘 凡
责任印制 梁 硕

出版发行 电子科技大学出版社
成都市一环路东一段159号电子信息产业大厦九楼 邮编 610051
主 页 www.uestcp.com.cn
服务电话 028-83203399
邮购电话 028-83201495

印 刷 成都理想印务有限公司
成品尺寸 185 mm×260 mm
印 张 10
字 数 300千字
版 次 2023年12月第1版
印 次 2023年12月第1次印刷
书 号 ISBN 978-7-5770-0685-7
定 价 58.00元

编 委 会

主　编　严海波

副主编　周　峰　彭　珺

参　编　杨　挺　王　卓　唐芳莲

彭　冬　刘　睿　徐娟丽

尚东瑛　张晓春

前　言

分布式光伏发电是我国重要的战略性新兴产业，大力推进光伏发电应用对优化能源结构、保障能源安全、改善生态环境、转变城乡用能方式具有重大战略意义。分布式光伏发电应用范围广，在城乡建筑、工业、农业、交通、公共设施等领域都有广阔的应用前景，它既是推动能源生产和消费革命的重要力量，也是促进稳增长、调结构、促改革、惠民生的重要举措。

分布式光伏电源是具有低污染排放、灵活方便、高可靠性和高效率等特点的能量生产系统。分布式光伏电源与大电网的合理结合将大大改善供电效率、供电质量、供电安全性、减少环境污染，减轻不断增长的能源需求对电网造成的压力，被认为是21世纪电力工业的发展方向。近几年，在国家政策的引导下，我国的分布式光伏电站呈现井喷式的发展趋势。遍地开花的分布式电站，不仅给电网运行带来了许多影响，而且对普通光伏用户的安全和设备维护也提出了较高的要求。

根据国家能源局数据，2014—2019年，中国光伏发电累计装机容量逐年增长，新增装机容量呈现先增长后下降的趋势。2019年，全国光伏发电累计装机量达到20 430万千瓦，同比增长17.3%，其中集中式光伏14 167万千瓦，同比增长14.5%；分布式光伏6 263千瓦，同比增长24.2%。截至2022年6月底，光伏发电累计装机达到2.16亿千瓦，其中集中式光伏1.49亿千瓦，分布式光伏6 707千瓦。

为推进陕西省分布式光伏并网项目的建设和加强人才梯队素质的培养，解决工作人员对分布式光伏并网信息了解得不够全面、相关知识缺乏等问题，国网陕西省电力有限公司特组织编写团队编写了本书。

本书围绕我国节能减排和新能源开发的国家方针，将光伏发电基本知识、相关政策、分布式光伏发电系统、并网管理要求及相关典型的分布式光伏接入案例和检修案例有机结合，分为八个章节，逐步讲解分布式光伏并网的相关内容。在保障科学性的同时，本书内容尽量做到有针对性和实用性，可供从事分布式光伏并网发电技术系统设计、开发和应用的相关人员学习参考。

编　者

2023年10月

目录

第一章 绪论

第一节 发展分布式光伏并网发电的背景及意义

一、全球能源结构及现状

近年来，随着工业化的不断发展，全球能源消耗与环境保护之间的矛盾越来越突出。自然界的一次能源储量有限，目前世界能源结构中，人类主要利用的是化石能源，其中石油、天然气、煤炭在全球能源消费中的占比分别为41%、23%和27%。

目前，全球已探明的石油储量只能用40年，天然气储量只能维持60年左右，储量最丰富的煤炭最多也只能维持220年，就连核能发电的原料铀储量也是有限的，而且还存在安全和污染的难题，同样不能解决电力的长期稳定供应问题。因此，积极开发可再生的绿色新能源迫在眉睫。

二、化石能源污染严重

化石燃料在利用过程中所产生的污染物对环境的影响主要有两个方面。一是导致全球气候发生变化。在化石燃料燃烧过程中，燃料中的碳转变为二氧化碳进入大气，使大气中二氧化碳的浓度上升，从而导致温室效应加剧，改变了全球的气候，造成生态失衡。二是热污染。火电站发电所剩“余热”被排到河流、湖泊、大气或海洋中，会引起热污染。

由于环境恶化造成臭氧层空洞，人类可能面临太阳紫外线的直接照射。因此，化石能源被清洁能源逐步取代是历史的必然。

三、能源结构需重新调整

面对日益严重的环境污染问题，调整能源结构、大力发展清洁能源，无疑是解决环境污染问题的重要举措之一。太阳能是一种理想的可再生能源，据测算，1年内到达地球表面的太阳能总量是目前全球已探明能源储量的10 000多倍。我国国土面积2/3以上的地区，每年的日照量都在2 000小时以上，海南更是达到了2 400小时以上，具备了广泛应用光伏发电技术的地理条件。

四、应用分布式光伏发电意义深远

分布式光伏发电是指在用户所在场地或附近建设运行，以用户侧发自用为主、多余电量上网且在配电网系统平衡调节为特征的光伏发电设施。

我国能源结构的特点是以煤炭为主，多年来重点依靠煤炭，火电占国内电力装机总量的70%以上。在电网的可消纳范围内，增加新能源发电比例，减少煤炭发电比例，有利于环保及可持续发展，具有深远的现实意义。

第二节　国际光伏产业发展现状

光伏发电因可直接将太阳辐射能转换为电能而不产生任何废气的优点而被人们寄予厚望。虽然在制造光伏组件期间会消耗一定能量，但光伏组件在其寿命周期内却能产生大于制造能耗10倍的能量。人们希望通过光伏发电技术的大规模应用来大幅减少传统化石能源在能源消耗中的比重。本节重点介绍国内外光伏产业发展现状。

一、美国光伏产业发展现状

截至2023年8月，美国太阳能光伏发电新增装机容量达到21.7 GW，比2022年周期增长了31.7%，其中用户光伏新增装机创纪录达到3.4 GW。目前，美国累计光伏装机已经达到86.1 GW，足够满足1 450万美国家庭的用电需求。在2023年新增发电总规模中，太阳能占比36.2%，超过了其他能源，创历史新高。

截至2023年8月，美国的累计光伏运营能力现在已超过86.1 GW，而2009年年底仅为1 GW。2019年，美国宣布了总计30.4 GW的新增公共事业光伏项目，使在进行中的公共事业光伏项目达到创纪录的48.1 GW。

2019年，WoodMackenzie（伍德麦肯兹，全球最大能源顾问公司之一）曾预测2020年美国光伏产业的年增长率为47%，预计装机量将达到20 GW。到2021年，年装机规模将达到20.4 GW。到2025年，将有三分之一的户用太阳能系统和四分之一的非户用太阳能系统配备储能。随着光伏发电成本的下降，兆瓦级光伏发电站将在美国不断涌现，美国光伏发电应用水平将迈上更高的台阶。

二、欧洲光伏产业发展现状

进入21世纪后，欧洲经济的高速发展使能源消耗也相应大幅增加，化石能源因其不可再生性及对环境的破坏性使欧洲各国将目光转向风能、太阳能等可再生清洁能源。

2010年以来，欧洲光伏市场增速放缓，但近几年，欧洲光伏市场发展水平被持续看好。2022年，欧盟光伏市场在能源危机与碳中和的双重驱动下迎来爆炸式增长，德国、西班牙、波兰和荷兰等国纷纷出台有利的刺激措施，取得了新增装机量的巨大增长。截至2022年年底，欧盟光伏装机量达到209.1 GW，新增光伏装机41.4 GW，与2021年的28.1 GW装机量相比增长47%，与2020年相比增长一倍有余。新增装机量排名前10的国家分别是德国、西班牙、波兰、荷兰、法国、意大利、葡萄牙、丹麦、希腊和瑞典，增量都超过1 GW。

（一）德国

德国为欧盟第一大经济体，也是欧盟中光伏装机量最多的国家，截至2022年年底，其光伏装机量达到了68.5 GW，2022年新增装机7.9 GW。德国人均光伏装机量为0.65 kW，在全球主要国家中排名第一。德国光照资源一般，但是其光伏产业一直健康有序发展，得益于产业资金的支持、早期高补贴政策和审批流程简化等。2000年，德国发布了《可再生能源法》(EEG)，自此之后德国的光伏装机量就处于持续增长状态。2020年，德国发布了EEG修正案，新政策鼓励小型屋顶分布式发电。同时自2023年起，德国允许将原有光伏电站进行升级改造，将旧的、低效的组件和逆变器替换为转换效率更高的新设备，只要不增加新的厂内用地，审批手续大大简化，这将给德国未来光伏装机带来巨大的增长潜力。预计2023—2026年德国新增光伏装机量51.2 GW。

（二）西班牙

截至2022年年底，西班牙光伏总装机量为26.4 GW，2022年新增装机7.5 GW，是欧洲第二大光伏市场。西班牙地处南欧，光照资源非常丰富，全年日均光照时长超过4小时，远远领先于欧盟大部分国家。基于资源优势，西班牙政府推出了一系列政策来支持光伏行业发展，比如对建筑类光伏项目发放豁免许可、全面支持光伏自消费项目发展等。过去几年中，西班牙的光伏市场蓬勃发展，其地面电站发电已基本摆脱补贴，目前已成为全球最成熟的PPA市场［即物理商业购电协议（physical power purchase agreement）市场］之一。预计2023—2026年，西班牙新增光伏装机量51.2 GW。

（三）波兰

截至2022年年底，波兰光伏总装机量为12.5 GW，装机量在欧盟排名第6，是2022

年欧盟第三大光伏市场，2022年新增装机4.9 GW。近两年来，波兰光伏发展势头迅猛，其户用分布式装机增量很快。波兰政府对光伏提供了多种行之有效的鼓励政策，如净计量政策（NEM），业主可以将其多余发电量以一定比例转换为免费电力；鼓励中小企业部门发展工商业光伏，独立解决其自身的能源需求；允许太阳能设备享受增值税减免和其他税收减免；稳定的电价政策及将太阳能确定为波兰能源政策的战略项目之一，这些政策确保了波兰的光伏行业将处于持续上升的态势。预计2023—2026年，波兰新增装机量21.8 GW。

（四）荷兰

截至2022年年底，荷兰光伏装机总量为18.0 GW，2022年新增装机4 GW。荷兰光伏主要以分布式为主。荷兰光伏市场的蓬勃发展的原因主要有三方面：一是受到类似于波兰的净计量政策的影响；二是荷兰的物流成本低廉，转口贸易是荷兰对外贸易的主要支撑，荷兰进口的光伏产品成本低于其他欧洲国家和地区；三是受到有利的补贴政策刺激，工商业和地面电站在固定的电价情境下再给予非盈利部分补贴。荷兰自2023年起，将取消户用光伏项目的增值税，进一步驱动光伏的快速增长。预计2023—2026年，荷兰新增光伏装机19.3 GW。

（五）法国

法国作为欧洲能源消耗第二大的国家，截至2022年年底，其光伏装机量为16.1 GW，2022年新增装机量2.7 GW，与2021年相比减少0.1 GW，是欧盟2022年光伏新增装机量10强国中唯一负增长的国家。法国因受罢工游行、电价便宜和缺乏激励政策等影响，其光伏发展远远落后德国。2020年法国颁布《多年度能源计划》，提出到2023年年底，法国光伏装机量达到20.1 GW。同时，法国在2022年2月提出要在2050年前新增光伏装机120 GW。在这些政策的激励下，法国近两年来新增光伏装机量有了较大的提升。目前法国正在讨论可再生能源加速法案，以简化审批流程、出台激励措施，从而加快法国光伏行业的发展。欧盟光伏协会预计法国2023—2026年新增光伏装机量为18.4 GW。

第三节　国内光伏产业发展现状

能源是人类赖以生存的根基，优质能源和先进的能源技术是推动社会不断向前的重要因素。自18世纪开始的产业革命使化石能源逐渐成为当今世界的主流能源，但也带来了传统能源的日益枯竭和环境气候问题。在低碳经济发展的背景下，新能源产业是第三次产业革命的发展趋势，从长远角度考虑，开发可再生能源，尤其是发展适应第三次产业革命趋势的太阳能光伏（正文中用其英文缩写“PV”代替）产业，成了全世界的共同选择。

一、我国光伏产业发展现状

近年来，在积极政策的引导下，我国光伏产业得以快速发展，光伏新增装机规模持续放量。具体体现在以下两个方面：

一是光伏产业规模持续扩大。2023年，我国光伏产业总产值超过1.75万亿元，主要制造环节产量同比增长均超过64%。新增装机规模达到216.88吉瓦，同比增长148.1%。这显示出我国光伏产业在产量和装机规模上的快速增长。

二是光伏产业链各环节发展持续向好。光伏行业的产业链上游主要包括硅料、硅片、银浆等原材料；中游包括电池片、组件、逆变器、汇流箱、光伏支架、线缆、辅材等光伏系统零部件；下游主要是太阳能光伏电站建设、运营及维护等光伏电站应用。各环节的产量和产值都有显著增长，显示出整个产业链的繁荣。

但是，光伏产业也面临一些挑战。上游制造扩产加速导致产能阶段性超出市场需求，价格竞争激烈，企业盈利困难。下游应用中，光伏电站的非技术成本占比提升，部分区域的光伏开发背负较高的非技术成本。国际贸易壁垒和海外市场的本土化趋势也对出口造成一定影响。此外，光伏组件价格不断下滑，企业面临“内卷”和亏损的困境。

未来发展趋势方面，光伏产业预计将继续保持快速增长。到2027年，全球光伏累计装机量将超越其他所有电源品种。2050年可再生能源发电量占比将提升至85%，其中光伏和风电占比超过60%。我国在2030年前光伏发电装机将超过煤电成为装机第一大电源，2060年风电光伏装机规模将达到60亿千瓦以上。未来，随着技术的进步和政策的支持，光伏产业仍有望保持快速增长。本节将重点介绍我国陕西省光伏产业的发展现状。

二、陕西省光伏发电产业发展基础

陕西省太阳能光伏产业链较为完整，但从产业结构来看，多数企业停留在产业链的某一阶段，存在“中间大两头小”的不均衡结构，从而使该产业出现了成长性产能过剩和结构性产能过剩问题。此外，由于产业发展受技术壁垒影响，光伏发电成本居高不下，光伏产品丰富度不够，导致进入市场的路径狭窄且对外依存度较大。归根结底，产能过剩和技术落后是影响陕西省太阳能光伏产业良性发展的主要因素，为此，陕西省在今后的产业发展过程中，应将解决产能过剩和技术落后作为重要任务，做到以市场为导向，以政策为支撑，积极开展太阳能光伏产业市场准入标准建设及更新工作。鼓励现有企业兼并重组，协调发展上下游，加快产业结构的优化升级，并运用多重手段预防产能过剩。同时，加强区域创新能力和科技水平，通过生产工艺和装备的技术进步来大幅降低光伏发电系统的初始投资成本，增强光伏的发电竞争力。努力扩大市场规模，逐步增加国内市场需求，积极开拓多元化的国际市场，进一步促进陕西省太阳能光伏产业的持续健康发展。

陕西省历史久远，文化繁荣，地理位置优越，周边环绕着晋、豫、宁、甘、蜀、渝、鄂、蒙八个省区市，横跨中华文明起源的两河流域，全省面积205 624.3平方千米。截至2022年11月，陕西省下辖10个地级市、31个市辖区、7个县级市、69个县。

从社会经济角度看，2022年，全省实现地区生产总值32 772.68亿元，按不变价格计算，同比增长4.3%。其中，第一产业增加值2 575.34亿元，同比增长4.3%；第二产业增加值15 934.48亿元，增长6.2%；第三产业增加值14 262.86亿元，增长2.6%。

太阳能是未来最绿色无害、最安全的能源，其每一秒释放到地球的辐射能达80万千瓦，如果将这些辐射能的0.1%转换为可以直接使用的能源，假设转化率是5%，那么每一年太阳辐射到地球表面的能量就相当于全球能源消耗量的四十倍。就陕西省的太阳能来说，其辐射量较大，年平均辐射量在全国居于较高水平，但全省太阳能资源的空间分布有差别，北部多南部少，其中渭北东部和陕北长城一带属于高值区，低值区主要在陕南，具体情况如表1-1所示。

表1-1　陕西省太阳能资源情况

等级	资源带号	年总辐射量/(MJ/m²)	年总辐射量/(kW·h/m²)	范围
很丰富带	Ⅱ	5 040～6 300	1 400～1 750	陕北北部和渭北东部地区
较丰富区	Ⅲ	3 780～5 040	1 050～1 400	陕北南部、关中地区、陕南商洛及安康北部
一般区	Ⅳ	<3 780	<1 050	陕南汉中和安康大部

陕西省地级市的太阳能资源分布情况如表1-2所示。

表1-2　陕西省各地级市太阳能资源及预期满发小时数

序号	地点	水平面年总辐射量/(kW·h/m²)	预期满发小时数（最佳倾角）首年	（单位：时）25年后
1	西安	1 435.15	1 261.6	1 120.3
2	安康	1 309.95	1 121	995.5
3	宝鸡	1 411.71	1 250.5	1 110.4
4	铜川	1 508.21	1 356.4	1 204.4
5	咸阳	1 435.15	1 264.6	1 122.9
6	延安	1 578.78	1 456.4	1 293.3
7	渭南	1 462.34	1 297.4	1 152.1
8	汉中	1 364.48	1 185	1 052.3
9	榆林	1 678.53	1 574.5	1 398.2
10	商洛	1 389.03	1 214.4	1 078.4

具体分析，从年平均日照时间来看，陕南为1 600～1 900小时，关中为1 700～2 500小时，陕北为2 200～2 600小时，榆林市的神木和府谷县为3 000～3 200小时。从季节来看，夏季辐射量占一年的35%，且出现陕北和渭北两个总辐射高值中心，而冬季仅占一年的16%。从太阳能总辐射量来看，全省每年的辐射量为4 100～5 600兆焦/平方米，且有4.33万平方千米的地区总辐射大于5 040兆焦/平方米。从全省太阳能资源的储量来看，每年的总储量约为2.71×10^{6}亿千瓦时，主要集中在宜建大型光伏并网电站的陕北长城一带和渭北东部区域，陕北长城沿线约有4.19万平方千米，其每年太阳能储能可达6.1×10^{5}亿千瓦时，渭北东部地区约有1 362平方千米，每年太阳能总储能可达0.2×10^{5}亿千瓦时。也就是说，陕北北部的榆林、神木、府谷、横山、定边、靖边、米脂、佳县、吴堡等地和渭北东部的韩城、蒲城、澄城、合阳等地属于陕西省太阳能资源最丰富区，都具有建设大型光伏电站的资源条件。例如，榆林市充分发挥其太阳能资源的优势条件，实地考察完成了《榆林市风能、太阳能资源分析评估报告》，为大力发展PV产业打好基础。

三、陕西省光伏发电产业发展现状

一个产业的发展一般都会经历形成、成长、成熟、衰退等阶段，我们称之为“产业生命周期”。伴随着全球能源和环境危机不断加剧，世界各国的PV产业无不遵循产业生命周期这一规律，它们在经历过阶段性起落后得到了快速发展，陕西省的PV产业亦是如此。

第一阶段：2008年之前，PV产业快速发展期。该阶段德国出台了《可再生能源法》(EEG)，欧洲一些国家又对PV产业进行大力补贴，促使PV产业的国际市场快速发展。与此同时，陕西省PV产业利用国外技术、资本和市场，也迅速形成光伏制造规模。

第二阶段：2008—2009年，PV产业首次调整期。2008年发生了世界性的金融危机，全球PV产业出现资金周转困难、市场需求锐减等问题，欧洲的光伏支持政策又开始刹车。期间，陕西省的PV产业也受到了重创，产品价格迅速下跌，市场低迷。

第三阶段：2009—2010年，PV产业爆发式回升期。在前一阶段光伏产品价格下跌的影响下，德、意等国爆发了抢装潮，国际市场开始迅速回暖。我国也制定了4万亿元的救市计划，PV产业重新成为重点扶持产业，在这样的背景下陕西省也出台相关扶持政策，带动了新一波光伏投资潮流。

第四阶段：2011—2013年，PV产业剧烈调整期。在上阶段投资潮的影响下，PV产业进入严重的成长性产能过剩阶段，各国贸易保护主义兴盛，产品价格又开始迅速下降，陕西省PV产业受到有史以来最沉重的打击，很多企业破产或重组，全产业到达崩溃边缘。

第五阶段：2013—2017年，PV产业逐渐回暖期。2013年，日本出台了大规模的光伏补贴政策，国际贸易纠纷也逐渐得到解决，促使国际光伏市场产能过剩有所缓和。因此，主要依赖于国际市场的陕西PV产业，再度掀起光伏装机热潮，光伏市场稳健发展，产品价格逐渐回升。

第六阶段：2018年至今。“531”新政后，光伏市场新增装机迅速萎缩，光伏补贴逐渐退出市场，平价上网已成为市场趋势。陕西省2020年光伏发电取得竞价容量147万千瓦，建设规模位居全国第七。

据陕西省太阳能光伏产业联盟不完全统计，陕西省从事光伏产业的相关企业单位已达92家，已经形成了覆盖多晶硅生产、单晶硅棒拉制、多晶硅铸锭、硅片制造（切片）、电池片生产、光伏组件制造及系统集成和终端产品生产的完整光伏产业主链；同时，生产EVA胶膜、光伏银浆铝浆、光伏焊带、石英坩埚、石墨热复合材料的几家配套辅料企业在过去的一年里也崭露头角表现不俗，为陕西省在“十二五”期间着力打造光伏辅链，实现光伏辅料的本地配给打下了基础。欧洲最大的光伏产品系统采购商西班牙福能集团已将中国的采购中心设在陕西，为陕西光伏产品与欧洲市场对接出口提供了平台。

（一）陕西省发展光伏产业的优势

陕西省PV产业在发展初期就利用国外技术、资本等形成了较为完整的产业链。至今形成了“多晶硅4 000吨、硅片3 GW、电池片1.7 GW的产能规模”。自2013年以来，陕西省PV产业整体发展形势有所改善。近年来具体发展现状分析如下。

1. 陕西省发展PV产业的优势资源

晶硅原料的生产作为PV产业的上游环节，对PV产业的发展至关重要。陕西省硅矿石储量大、品质好，较适合晶硅生产，因此也诞生了一些晶硅生产的龙头企业。例如，西安隆基硅材料股份有限公司，它是全球最大的单晶硅生产制造商，该公司始终专注于PV电池的6英寸、6.5英寸、8英寸单晶硅棒和单晶硅片的研发、生产和销售，坚持“专业化、规模化、品牌化”的发展路线，单晶炉热屏技术等多项技术处于国际或国内领先水平。此外，陕西省还有较高的电能消费潜能。据了解，我国西部的部分地区存在光电无法送出，当地无力消纳，并网难的矛盾，而陕西省独特的自然条件和社会因素，使这个问题得到了较好的解决。相对于西部偏远地区，陕西省北部光伏基础设施完备，能源企业众多，基本不存在电力输送难题，并且西安等地经济发达、人口众多，可以很好地解决电能消纳问题。

2. 陕西省发展PV产业的人才优势

陕西省PV产业人才优势也较为明显，目前有多家科研院所的千名专家从事光伏科研工作。陕西省的西安交通大学、西安电子科技大学、西安理工大学、西安工业大学等高校设有与PV产业相关的学科和专业，如微电子学、材料物理、材料化学、光信息科学与技术、电子封装等，着力培养从事PV系统工作的应用型人才。

此外，陕西省PV产业联盟对从业企业进行了不完全统计，数据显示当前从事PV产业的企业已达一百多家，联盟成员单位涉及晶硅材料制造、硅片加工、太阳能电池、太阳能电池组件、光伏发电系统（电站）各个环节，具有一定的广泛性和代表性。总之，这些人才优势为陕西省发展PV产业提供了强大的产业承载能力和配套支撑能力。

3. 有效的政策推动陕西省PV全产业发展

作为新兴产业，产业发展与产业政策的推动密不可分。为了推动陕西省PV产业的发展，近年来政府出台了多项光伏发电政策。有了政策的扶持，陕西省光伏电站建设步伐加快，截至2019年7月，新纳入财政补贴规模户用光伏项目总装机容量为6.9 MW，PV产业逐渐迈入新阶段。

4. 陕西省电力需求及光伏电站建设情况

从陕西省的电力消费角度看，随着西咸一体化建设步伐的加快和“关中—天水经济区”的发展，关中电网已成为陕西电力消费增长的核心力量，其电网负荷占陕西省的60%以上；陕北作为国家重要能源化工基地，也是陕西省经济增长的重要一极，其电网负荷占全省24%以上；陕南凭借丰富的稀有矿产资源和水资源，主要发展生态产业和旅游业，因此电网负荷只占全省比重的16%。但是，随着“十三五”规划纲要的出台和未来经济社会发展的需要，陕西省各行政区对电力消费总量需求将不断加大，全省面临的供电压力较大。随着陕西省可再生资源发电对全省电力总产出的贡献不断增加，其中水能发电占全省电力总产出的比重最大，光伏发电占比最小。

在陕西省需电量和电网负荷逐年增大的情况下，可再生能源发电却只占电力总产出的10%左右，尤其是光伏发电占比只有0.3%。也就是说，光伏发电蕴藏着缓解未来全省供电压力的巨大潜力，有望成为陕西省解决电力需求的重要途径。

（二）陕西省发展光伏产业的劣势

陕西省地处内陆，面向海外市场物流成本相对较高。产业链虽然完整，但在业内有竞争力的企业少，产业规模整体偏小。在产业融资方面，融资能力参差不齐，资金缺口较大，影响行业整体发展。在技术水平方面，关键技术尚需有较大突破，公共技术服务平台还未建立。在产业人才方面，缺乏既有技术背景，又有市场开拓能力的复合型行业高端人才。

（三）陕西省产业发展中存在的不足

虽然今年陕西省的光伏产业发展迅速，但和国内的其他省份相比，还存在许多不足，主要表现在以下几个方面。

1. 产业扶持政策缺乏

由于光伏产业属于新兴产业，最近几年呈蓬勃发展的态势，行业的初期属于自由发展时期，陕西省的光伏企业大多数是在最近2～3年发展起来的，中小企业的短期行为明显，需要政府的引导，上游企业还需要解决高能耗和高排放问题，环保和节能降耗任务艰巨。陕西省光伏产业链不同环节企业的准入门槛尚未出台，即需要从核心技术、能耗、投资规模、环保要求等方面制定准入标准。

2. 产业链发展不均衡，存在薄弱环节

陕西省的光伏企业目前大多数停留在产业链的某一环节，主要集中在电池组件和应用产品制造这些技术含量相对较低的环节，从事成套光伏发电系统及工程服务环节的企业相对较少，整个产业链中没有企业能够向产业链上下游拓展，实现上下游的垂直整合。从全国来看，陕西太阳能光伏产业的下游加工企业规模较小，抵御风险的能力较弱，应用市场没有打开。

3. 产业资源缺乏有效整合

太阳能光伏产业，尤其是光伏上游产业属于资金密集型和技术密集型产业，具有高投入、高风险、回收周期长的特点。陕西属于经济欠发达地区，政府和企业所能够投入的资金都非常有限。当前陕西的太阳能光伏产业发展尚处于市场驱动阶段，企业之间缺乏有效的沟通与协调机制，有限的产业资源和资金资源仍缺乏有效的优化组合利用，龙头企业的带动作用和整合作用尚未显现。

4. 产业配套设施不足，平台建设滞后

目前，本地太阳能光伏产业基础设施配套不理想，制约了企业经营规模的扩张。如电力设施配套不足，使企业项目建设进展缓慢，优惠的电能供给与可靠的电力保障还不能完全落实。同时，为产业顺畅发展提供支撑服务的各类公共服务平台建设不足，主要包括公共技术检测平台、人才培养平台、引智招商平台、自主知识产权保护平台、物流（供应链）平台等。

5. 核心技术和关键人才缺乏

光伏产业是技术密集型和人才密集型行业，虽然陕西省是科研强省和教育大省，但是在高端人才和核心技术方面仍存在一定不足。从总体来看，陕西省光伏生产厂家所采用的技术工艺和关键设备都以引进国外为主，缺乏足够的核心竞争力，自主创新欠缺，内在技术水平有待提升。生产链各环节存在人员与产业发展不匹配现象，高端研究型人才和生产技术人才都很缺乏。

四、陕西省光伏发电产业未来发展趋势

（一）光伏电站应用与产业融合的趋势

比如，光伏与尾矿治理、废弃的采矿塌陷区循环经济建设或生态综合治理相结合，使得废弃土地得以实现生态环境的修复。

（二）能源互联及多能互补的微电网趋势

光伏发电和生物质等其他可再生能源、储能互补发电，形成既可并网又可孤网运行的微型电网，既适用于边远农牧区、海岛供电，也适合联网运行作为电网可控发电单元。

（三）分布式能源趋势

与风电等其他清洁能源相比，光伏发电与工商业用电峰值基本匹配，因此光伏相比于其他可再生能源更适用于分布式应用。随着电力配售电领域的改革，如直购电、区域售电牌照的发放，分布式能源电站也将迎来空前的发展机遇。

按照由大到小，光伏发电系统可分为集中式光伏电站、屋顶分布式光伏电站、户用光伏发电系统。集中式光伏电站就是利用大面积土地，大规模建设大型光伏电站，发电直接并入公共电网，再由电网统一调配向用户供电。屋顶分布式光伏电站通常是指利用

分散式工商业屋顶，以规模较小的装机和用户附近的发电系统，接入低压电网。

陕西光伏发电系统是将光伏电池组件置于家庭住宅顶层或者院落内，发电后可直接利用，也可将多余的电能并入电网。自20世纪70年代全球爆发石油危机以来，世界各国从环境保护和能源可持续发展战略的角度出发，纷纷制定政策鼓励和支持太阳能光伏发电。

第四节　光伏并网技术发展现状

一、国内光伏并网技术发展现状

一般来说，光伏发电系统的建模首先是建立系统各个组成部分的模型，然后构成整个系统的整体模型。光伏发电并网系统由光伏阵列、并网逆变器、变压器和集电线路等组成，目前国内针对各个组成部分都有比较详细的建模方法研究。现有对光伏组件的建模研究多数基于组件的特性曲线随光照和温度变化的关系方程，并通过不断改进模型以适应不同的研究需求。设计了光伏电池组件的工程用数学模型，此种模型可以根据光伏组件供应商提供的几项重要技术参数来复现其特性曲线，并能够满足仿真研究对计算精度的要求。建立局部阴影条件下的光伏阵列仿真模型，分析研究光伏阵列被部分遮挡时的输出特性，能为光伏发电系统的控制与设计提供依据。

最大功率点跟踪（MPPT）的仿真研究是光伏发电技术研究中的重要组成部分，目前国内对它的研究致力于更高的精度和更快的追踪速度，不断有新的方法被提出。国内的研究已经给出了多种MPPT实施方案，并提出了模糊参数自校准控制的方法以实现相应功能，提出了一种基于扰动观察法的变步长改进算法，经验证此种算法更具有实用价值且仍有改进空间。

并网逆变器是光伏发电系统中的关键环节，承担着将光伏阵列所发直流电转换为交流电接入电网的重任，其研究大致分为两个部分：一是不同类型并网逆变器的建模，二是并网逆变器的控制策略设计。并网逆变器的建模相对简单，应用也比较成熟，目前国内研究的主要关注点集中在控制策略方面，对并网变流器的拓扑结构及控制策略都做了比较详细的研究，着重对电压源型和电流源型变流器的控制及技术应用进行了探讨。

光伏发电系统属于分布式电源的一种，同分布式电源特性相似，共有两种并网模式：一种是作为电压源并网，其控制策略以输出电压恒定为控制目标；另一种是作为电流源并网，目前光伏电站多采用此种形式并网，其控制策略以控制输出电流，减小电网波动对输出电流的影响为目标，有学者设计了基于电网电压前馈控制和滞环电流跟踪控制的控制策略。这两种控制策略的目标都是消除电网波动对输出电流的影响。另外，源逆变器由于自身具有多种优点而逐步受到重视，有关文献针对并网光伏发电系统建立了源逆变器的小信号模型。

我国的太阳能光伏发电采取“大规模集中开发、中高压接入”与“分散开发、低压就地接入”并举的发展模式，按其特点可分为大型地面光伏电站与多样分布式光伏电源。集中式并网的特点是光伏电站所发电能被直接输送至大电网，由大电网统一调配向用户供电，与电网之间的电力交换是单向的，此种并网模式适用于大型地面光伏电站，通常与负荷点距离较远。分布式并网的特点是光伏电源所发电能直接分配到用户，多余或不足的电能通过电网协调控制，其潮流是可逆的，与电网之间的电力交换是双向的，此种并网模式通常适用于小规模光伏发电系统，例如，与建筑结合的光伏发电系统。

光伏发电系统并入电网后，由于其出力的随机波动性和缺少阻尼与惯性的暂态特性，必将会给电力系统带来新的影响与问题。目前，国内研究分析探讨了大规模光伏发电系统接入电网后可能给电力系统带来的各种影响，为后续研究提供了一定的思路。仿真研究了大规模光伏电站接入孤立电网后，在光伏电站出力变化和电网负荷变化两种情况下，光伏电站对电网稳定性产生的影响。提出了光伏电池组件的故障切除条件和光伏电站与常规机组联合运行的约束条件，以节点电网系统为例，通过潮流计算分析了光伏电站对电网可靠性的影响。有学者研究了光伏发电系统装机容量对电网电压分布的影响，并在振荡情况下对电网电压稳定性进行了分析。从研究光伏发电系统并网后给电网带来的影响和问题来说，稳定性分析是重中之重，即在天气变化、电网故障及其他波动给光伏电站带来冲击和光伏电站内部故障时，研究分析光伏发电系统和电网之间会如何相互影响。另外，部分文献采用了一种直接计算电网稳定性的方法，使用特征根值的方法分析了系统的动态稳定性。

综上所述，目前对光伏发电系统的并网研究主要是围绕其自身特点展开，包括光伏组件模型的改进、最大功率点跟踪、逆变器的拓扑结构和控制方式、滤波、功率因数控制等方面的设计及其相互之间的协调配合，研究侧重于以并网逆变器为核心的并网光伏发电系统设备设计与应用。与此同时，现有的光伏发电系统的建模研究工作主要集中在系统的阵列模型建立或相应的控制策略设计，更多关注的是光伏发电系统本身各个部分的具体特性，而针对光伏发电系统整体建模的方法研究较少，尤其缺少适用于稳定性分析的整体模型。对于光伏发电系统来说，尤其是大规模并网光伏发电系统的暂态稳定性研究，多数还是定性分析，只有少量的研究进行了并网后的潮流计算和简单的暂态仿真。

二、国外光伏并网技术发展现状

1. 光伏电池组的研究现状

当今世界各国特别是发达国家对于光伏发电技术十分重视，针对性地制定规划，增加投入并加以大力发展。20世纪80年代以来，即使是在世界经济处于衰退和低谷的时期，光伏发电技术产业也一直保持以10%～15%的递增发展速度。90年代后期，其发展更为迅速，并成为全球增长速度最快的高新技术产业之一。2007年，世界光伏电池组件的总产量达到200 MW，比2006年增长了35%。各国一直在通过改进工艺、扩大生产规模、开拓新市场等手段来降低光伏电池的制造成本。

近几年，全世界太阳能电池的生产量平均每年增长近40%，2014年，全世界生产总量达1 000 MW。21世纪以来，一些发达国家纷纷制定了发展包括太阳能电池在内的可再生能源计划。太阳能电池的研究和生产在欧洲、美洲、亚洲大规模展开。美国和日本为争夺世界光伏市场，争相出台太阳能技术的研究开发计划，如到2020年，美国计划累计安装4 600 MW（含百万屋顶计划）；日本计划累计安装5 000 MW（NEDO日本新阳光计划）。

2. 并网逆变器的研究现状

目前，国外对并网发电系统的核心器件——并网逆变器的研制发展很快，相关技术也较成熟，其中较复杂的大功率逆变装置仅有德国、美国、日本等几个发达国家开发出。在技术方面，由于欧美等国家在光伏发电技术上的长期研究与政策鼓励，目前欧美厂商在各个类型的并网逆变器的研发上都已经比较成熟，并已经高度市场化。

在国际并网逆变器市场上占据大量市场份额的并网逆变器生产企业均为欧美厂商。其中，德国的SMA是全球最早也是最大的并网逆变器生产企业（德国市场占有率达50%以上），为全球光伏逆变器领军企业。SMA之前一直专注于大型光伏逆变器的开发，随着太阳能市场的不断成长，为了占有小型户用光伏电源市场，SMA已经从OKE购买了微逆变器技术，这使得SMA成为全球唯一一家包含各种现存逆变器技术产品线的厂商。2009年，SMA占据全球光伏逆变器44%的市场份额，受德国国内光伏补贴政策调整的影响，2010年略微下降为40%，2011年由于全球经济衰弱和大量其他光伏逆变器厂商的崛起和参与市场竞争，SMA的市场份额虽然下降为35%，但在世界范围内仍然领先，在欧洲市场更占据绝大部分市场份额。SMA在技术上的领先优势也进一步加快了它的国际化进程。

技术较简单的小功率逆变装置在国外推广应用也多。国外光伏发电并网逆变器研制主要集中在最大功率跟踪和逆变环节集成的单级能量变换上，控制电路主要采用数字控制，注重系统的安全性、可靠性和扩展性，均具有各种完善的保护电路。其中处于领先位置的仍然是德国SMA公司开发的并网逆变器，技术上比国内生产的同类产品要先进，最大效率达到96%，输出功率谐波畸变小于4%，内部损耗小于7 W。基于DSP实现最大功率点跟踪，具有冲击电压保护、极性混乱保护、过电压保护、欠电压保护等多种保护功能；远程监控可通过电力线传输数据，也可通过专用数据线传输数据；LCD显示各种操作信息，包括当天产生的电能，当前的功率和电网电压及安装以来所产生的总电能和总的操作时间；根据电网情况调制工作状态，故障自诊断。

3. 国外关于MPPT（最大功率点跟踪）技术的研究现状

光伏器件是光伏发电系统电能的来源，能否充分发挥光伏器件的效用对整个光伏发电系统具有重要的作用。光伏发电系统的运行需要快速准确地进行最大功率点跟踪，是整个光伏发电系统运行的关键。目前，MPPT的控制技术研究已经取得了很多的成果，国外已经提出了多种MPPT方法，主要包括扰动观察法、电导增量法、恒定电压法、短路电流法、实际测量法、直线近似法、间隙扫描法以及基于扰动观察法的改进方法。

扰动观察法是目前光伏发电系统中最为常用的MPPT方法，其实现简单，需要测量的参数少，但是该方法在系统达到最大功率点后，会在其左右振荡，造成能量损耗，且在环境快速变化时，易发生误判。电导增量法也是MPPT控制常用的算法之一，其控制精确、跟踪速度快，基本可以消除扰动观察法中因扰动而产生的最大功率点附近的功率振荡现象，适用于气候变化大的场合，但由于对硬件的要求特别是传感器要求比较高，成本较高。恒定电压法和短路电流法原理简单、易于实现，但控制精度较差，通常用于功率较小、日照情况稳定的场合。实际测量法由于需要额外的太阳能电池和采样电路，成本高，适合用在大功率的太阳能发电系统中。直线近似法容易实现，但未考虑温度影响，同时组件的老化会影响其准确度，故适用于温度变化较小的场合。间隙扫描法一般不会产生振荡，但需要有较大的存储空间和运算能力，在需要有连续输出的光伏发电系统中无法应用。

扰动观察法在最大功率点附近的振荡可以通过减小扰动步长来减弱，但MPPT的速度也会变慢。对此，有关文献提出了变步长的思想，在最大功率点附近时采用较小的扰动步长。有关文献中，模糊逻辑控制被用来优化下一步扰动步长的大小；同时，文献中还提出了双模式MPPT，当系统实现短路电流法的控制目标，使光伏器件工作在最大功率点附近后，通过小步长扰动观察法使光伏器件的工作继续向最大功率点移动，最后稳定工作在最大功率点。

针对扰动观察法在环境快速变化时易发生误判的缺点，也有专家提出了三点比较法。该方法通过相邻的三个采样点功率比较，决定下一步的扰动方向，日照骤变时并不会跟踪，而是在日照较稳定的时候才去跟踪，减少了扰动损失。

有关文献提出一种基于普通二极管PN结温度特性的太阳能电池最大功率点跟踪的方法，根据二极管PN结的温度特性与太阳能电池的温度特性相近的规律可以等效检测出在同样温度条件下电池板的最大功率点电压，其实现方法简单，成本低。但该方法仅考虑太阳能电池板开路电压受温度影响这个主要因素，而未考虑光照强度、阴影等因素的影响，故只适用于小功率光伏发电系统。

另有文献提出了一种新的最大功率点跟踪控制算法，该算法能应用在某些基于单控制的逆变器中，单周控制环节能同时实现最大功率点跟踪控制和输出正弦波电流，无须检测光伏阵列的电流电压，因此也无须复杂的计算。但它是基于特定的控制方程的推导，因此应用范围受到了极大的限制。

国外也有文献提出了一种基于“爬山算法”应用于光伏发电系统的新的MPPT算法。根据该方法，在每一步计算中都计算出P/V斜率的立方，通过计算，得到光伏发电的电压方向而不用再做任何的斜率和信号控制。还有文献提出了一种适应于光伏发电的简单的MPPT方法，通过电压模式控制器来控制并网的DC/AC转换器，从而发出基本的有功功率注入公共电网中。文献中所提出的MPPT算法适用于DC/AC转换器，用于跟踪光伏电池组的最大功率点。因为不需要电流传感器，所以该方法非常简单。另外，有文献还详细综述了光伏阵列最大功率点跟踪的各种方法，归纳了基于优化数学模型、扰动自寻优、智能处理方法及输出端控制等四类方法，分别说明了各种跟踪控制方法的优点和不足之处，指出了最大功率点跟踪的研究方向。

第二章

光伏并网发电技术

第一节　光伏发电基本原理

一、光电转换原理

光伏效应在19世纪即被发现。1839年，法国的贝克勒尔发现半导体和电解质接触形成的结，在光照下会产生一个电压，这就是后来人们熟知的光生伏特效应，即光伏效应。光伏效应是指光照使不均匀半导体或半导体与金属结合的不同部位之间产生电位差的现象。它首先是由光子（光波）转化为电子、光能量转化为电能量的过程；其次，是形成电压的过程。有了电压，就像筑高了大坝，如果两者之间连通，就会形成电流的回路。

并网型发电系统通过太阳能电池组将接收来的太阳辐射能转换为电能，再经过直流汇流箱进行汇流，由并网逆变器逆变后输送与电网电压同频、同相的正弦交流电流。

并网型光伏发电系统根据容量和接入电压等级的不同可分为分布式光伏发电系统和集中式光伏发电系统。

分布式光伏发电系统是指在用户所在场地或附近建设运行，以用户侧自发自用为主、多余电量上网且在配电网系统平衡调节为特征的光伏发电设施。分布式光伏发电系统主要由光伏组件、配电柜、并网逆变器、交流负载、公共电网等构成，如图2-1所示。

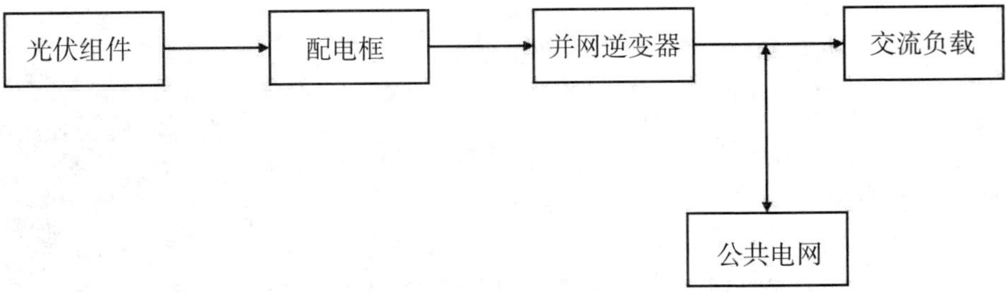

图2-1　分布式光伏发电系统

二、光伏材料

光伏材料又称“太阳能电池材料”，它是一种将太阳能直接转换成电能的材料，只有半导体材料具备这种功能。可作为太阳能电池材料的有单晶硅、多晶硅、非晶硅、GaAs、GaAlAs、InP、CdS、CdTe等。用于空间的有单晶硅、GaAs、InP，用于地面已批量生产的有单晶硅、多晶硅、非晶硅，其他尚处于开发阶段。

光伏电池是光电转换的最小单元，其不能单独作为发电单元使用，需要将光伏电池进行串、并联并封装后组成光伏组件才能使用。光伏组件是光伏发电系统中的重要组成部分。

光伏电池是指在阳光下能进行光电转换的半导体PN结器件。光伏电池作为光伏发电系统中的核心部件，其技术性能和指标对整套系统的长期稳定运行起着至关重要的作用，主要要求其转换效率要高、使用寿命要长、技术性能稳定。针对相关技术要求，一般选用高性能的优质电池组件，特别是可以有效延长抗阴雨天的运行天数，并且其封装材料和工艺要确保组件具有超长的使用寿命和长期的稳定性能。

光伏电池根据所用材料的不同可分为晶硅太阳能电池、薄膜太阳能电池、新型太阳能电池等，具体分类情况如图2-2所示。

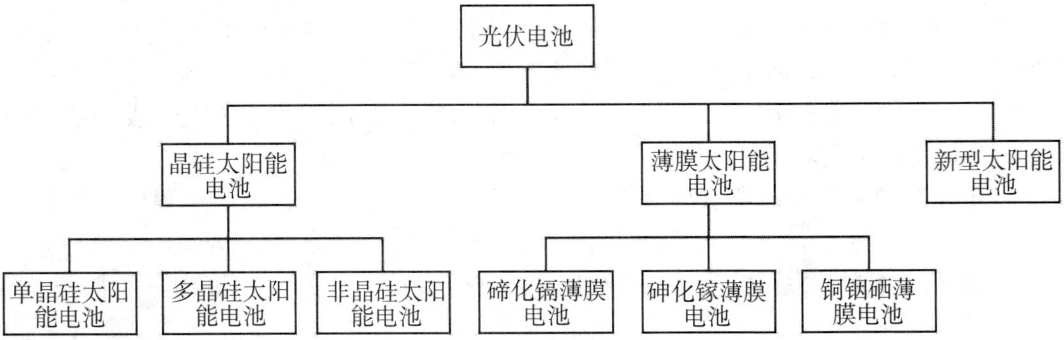

图2-2　光伏电池的分类

半导体是指常温下导电性能介于导体与绝缘体之间的材料。无论是从科技或是经济发展的角度来看，半导体的重要性都是非常巨大的。当今大部分的电子产品，如计算机、移动电话或是数字录音机当中的核心单元都和半导体有着极为密切的关联。常见的半导体材料有硅、锗、砷化镓等，其中半导体硅在商业应用上最具有影响力。

（一）晶硅太阳能电池

1. 单晶硅太阳能电池

单晶硅太阳能电池，是以高纯的单晶硅棒为原料制造的太阳能电池，是当前开发最快的太阳能电池之一。目前，单晶硅太阳能电池的光电转换效率大部分为20%，最高的可达到24%，转换效率相对较高，但单晶硅制作成本很大，还不能大范围使用。由于单晶硅一般采用高纯度的单晶硅棒为原料，以钢化玻璃和防水树脂进行封装，因此其坚固耐用，使用寿命一般可达20年，最高可达25年。单晶硅电池的构造和生产工艺已定型，产品已广泛用于空间和大型地面。

2. 多晶硅太阳能电池

多晶硅太阳能电池是将多晶硅薄膜附在低成本的衬底材料上，用相对薄的晶体硅层作为太阳电池的激活层，不仅保持了晶体硅太阳电池的高性能和稳定性，而且材料的用量大幅度下降，明显地降低了电池成本。多晶硅太阳能电池的制作工艺与单晶硅太阳能电池相近，但是多晶硅太阳能电池的光电转换效率相对较低，其光电转换效率为18%左右。从制作成本上来讲，多晶硅太阳能电池比单晶硅太阳能电池制作成本低，材料制造简便，节约电耗，总的生产成本较低，因此得到大量应用。但是，多晶硅太阳能电池的使用寿命比单晶硅太阳能电池短。多晶硅太阳能电池的实物如图2-3所示。

图2-3　多晶硅太阳能电池

3. 非晶硅太阳能电池

非晶硅太阳能电池是1976年出现的新型薄膜式太阳能电池，与单晶硅和多晶硅太阳能电池的制作方法完全不同，它的制作工艺过程被大大简化，硅材料消耗很少，电耗更低，且成本低、重量轻，便于大规模生产。它的主要优点是在弱光条件下也能发电，因此具有极大的发展前景。但非晶硅太阳能电池存在的主要问题是光电转换效率偏低，只有10%左右，且不够稳定，随着时间的延长，其转换效率发生衰减，直接影响了它的实际应用。如果能进一步解决稳定性问题并提高其转换率，那么非晶硅太阳能电池无疑是太阳能电池的主要发展产品之一。非晶硅太阳能电池的实物如图2-4所示。

图2-4 非晶硅太阳能电池

（二）薄膜太阳能电池

薄膜太阳能电池按化合物材料的不同，分为碲化镉薄膜电池、砷化镓薄膜电池及铜铟硒薄膜电池等。

碲化镉薄膜电池的效率较非晶硅薄膜太阳能电池效率高，成本较单晶硅太阳能电池低，并且也易于大规模生产，但是会对环境造成严重的污染，因此，并不是晶体硅太阳能电池最理想的替代产品。

砷化镓薄膜电池的转换效率可达28%，砷化镓化合物材料具有十分理想的光学带隙以及较高的吸收效率，抗辐照能力强，对热不敏感，适合于制造高效单晶硅太阳能电池。但是砷化镓材料的价格不菲，因而在很大程度上限制了砷化镓薄膜电池的普及。

铜铟硒薄膜电池（CIS）适合光电转换，不存在光致衰退问题，转换效率和多晶硅一样，且具有价格低廉、性能良好和工艺简单等优点，是今后发展太阳能电池的一个重要方向。但是，材料的来源存在着较大的问题，由于铟和硒都是比较稀有的元素，因此，这类电池的发展也相对缓慢。

（三）新型太阳能电池

在太阳能电池中，以聚合物代替无机材料是最近开始的一个光伏电池的研究方向。其原理是利用不同氧化还原型聚合物的不同氧化还原电势，在导电材料（电极）表面进行多层复合，制成类似无机PN结的单向导电装置。其中一个电极的内层由还原电位较低的聚合物修饰，外层聚合物的还原电位较高，电子转移方向只能由内层向外层转移；另一个电极的修饰正好相反，并且第一个电极上两种聚合物的还原电位均高于后面两种聚合物的还原电位。当两个修饰电极放入含有光敏化剂的电解液中，光敏化剂吸光后产生的电子转移到还原电位较低的电极上，还原电位较低电极上积累的电子不能向外层聚合物转移，只能通过外电路通过还原电位较高的电极回到电解液，因此外电路中有光电流产生。

由于有机材料具有柔性好、制作容易、材料来源广泛、成本低等优势，它对大规模利用太阳能，提供廉价电能具有重要意义。但以有机材料制备太阳能电池目前还处在研究阶段，不论是使用寿命，还是电池效率都不能和无机材料特别是硅电池相比。

三、光伏发电系统

光伏发电系统是指利用太阳电池直接将太阳能转换成电能的发电系统。它不仅是一种新型的、具有广阔发展前景的发电和能源综合利用方式，而且还是一种最丰富的资源和最洁净的发电过程的可再生能源发电方式，缓解了我国化石能源日益紧缺问题，同时还有效解决了电能在升压及远距离运输中的损耗问题。

光伏发电的利用形式与太阳电池技术的发展有密切关系。早期的太阳电池效率低、成本昂贵，光伏发电主要应用于微功率系统如光伏计算器、光伏玩具等。随着太阳电池技术的发展，独立集中光伏电站被应用在远离常规电网的无电地区和一些特殊场所，如村落独立光伏电站和光伏水泵等。目前，光伏技术步入大规模发电阶段，光伏发电利用的重点是并网发电，把光伏发电发展成为电力生产的组成部分。并网光伏发电可以采用光伏建筑一体化的技术方案，也可以在荒漠建设大规模的并网光伏电站。光伏建筑一体化是将电池方阵安装在建筑的屋顶或者围护结构的其他外表上，电池方阵可以为用户提供建筑用电，减少电网供电的压力；大规模荒漠并网光伏电站就是在太阳能资源丰富的沙漠和戈壁地带建设兆瓦级甚至吉瓦级的并网光伏电站，可以作为一种主力电源。

并网光伏发电系统经历了从大型集中式发电到小型分布式发电的变化。并网光伏发电系统确实是最简单的光伏发电系统，它不需要存储能量而仅向现有电网倒送功率。并网光伏发电的增长也给离网市场带来了意想不到的结果，许多电池板制造商停止生产给蓄电池充电的小容量光伏电池板，转而生产适用于并网逆变器的大容量、高电压等级的光伏电池板。并网光伏发电系统结构比较简单，包括电池方阵（提供直流电）、逆变器、其他平衡系统（如连线、熔丝和支架结构）和联网设备（通过主配电盘馈入电网）。在白天，光伏板产生的直流电经逆变器逆变至交流侧后送入建筑物配电系统，向建筑物负荷供电。并网光伏发电系统相较于离网系统具有成本低、无电能存储设备、削峰等优势。

（一）光伏组件/阵列

1. 太阳能电池片

太阳能电池片是构成光伏组件/阵列的最小单元，以表2-1为例，列出了SF-156M多晶硅太阳能电池的技术参数。由表2-1可见，同样外观尺寸的电池片，其分级档次很细，技术参数差别很大，因此采用不同档次的电池片，制造出的组件电气性能差别也是很大的。

表2-1　SF-156M多晶体硅太阳能电池技术参数

档次	转换效率	最大功率 P_m/W	最大功率点电流 I_m/A	最大功率点电压 V_m/mV	短路电流 I_{sc}/A	开路电压 V_{oc}/mA
A	17.50%	4.258	8.189	520	9.30±5%	625±5%
B	17.25%	4.198	8.072	520	9.22±5%	625±5%
C	17.00%	4.137	7.955	520	9.11±5%	625±5%
D	16.75%	4.076	7.914	515	9.01±5%	625±5%
E	16.50%	4.015	7.796	515	8.89±5%	625±5%
F	16.25%	3.954	7.678	515	8.79±5%	625±5%
G	16.00%	3.893	7.560	515	8.67±5%	625±5%
H	15.75%	3.833	7.515	510	8.56±5%	625±5%
I	15.50%	3.772	7.396	510	8.45±5%	625±5%
J	15.25%	3.711	7.348	505	8.30±5%	625±5%

2. 组件

单体太阳能电池片不能直接作为电源使用。若需作为电源使用，必须将若干单体电池串、并联，并严密封装成组件。

表2-2列出了四种不同功率的多晶体硅组件的电性能参数。

表2-2　多晶体硅组件的电性能参数

型号	JNMP72-300	JNMP72-305	JNMP72-310	JNMP72-315
STC条件下最大功率/W	300	305	310	315
最大功率电压(V_{mp})/V	36.30	36.61	36.92	37.24
最大功率电流（I_{mp})/A	8.26	8.33	8.40	8.46
开路电压(V_{oc})/V	44.82	44.91	45.00	45.08
短路电流(I_{sc})/A	8.88	8.99	9.10	9.22
组件效率/%	15.46	15.72	15.98	16.23
电池额定工作温度(NOCT)	(42±3)℃			
开路电压温度系数(V_{oc})	–0.32%/℃			
短路电流温度系数(I_{sc})	0.055%/℃			
最大功率温度系数(P_m)	–0.44%/℃			
功率公差(W)	0～+5			

四种组件内串、并联封装的电池片数量是相同的，因此其外形尺寸是一样的，但四种组件的最大功率从300 W到315 W不等，究其原因在于封装组件前对电池片进行了分级，性能接近的电池片按照不同档次封装到一起，导致最终组件的输出功率差别较大，电气参数及性能也会产生较大的差别。

3. 光伏阵列

为了使整个光伏发电系统得到最大功率输出，结合建设地点的地理、气候及太阳能资源条件，将太阳能组件光伏支架系统以一事实上的朝向、排列方式及间距固定住的支撑结构，称为光伏阵列。

（二）并网逆变器

并网逆变器是太阳能光伏发电系统中的关键部件，它将太阳能电池产生的直流电通过电力电子变换技术转换为能够直接并入电网、负载的交流能量。并网逆变器的质量直接影响整个太阳能光伏发电系统的效率和性能。

1. 光伏逆变器的工作原理

逆变装置的核心是逆变开关电路，简称“逆变电路”。该电路通过电力电子开关的导通与关断来完成逆变的功能。

2. 光伏逆变器的主要技术指标

（1）输出电压的稳定度。在光伏发电系统中，太阳能电池发出的电能先由汇流箱进行汇流，然后经过逆变器逆变成220 V或380 V的交流电。对于一个合格的逆变器，输入端电压在一定范围内变化时，其稳态输出电压的变化量应不超过额定值的±5%，当负载发生突变时，其输出电压偏差不应超过额定值的±10%。

（2）输出电压的波形失真度。对正弦波逆变器，应规定允许的最大波形失真度（或谐波含量）。通常以输出电压的总波形失真度表示，其值应不超过5%（单相输出允许10%）。由于逆变器输出的高次谐波电流会在感性负载上产生涡流等附加损耗，如果逆变器波形失真度过大，则会导致负载部件严重发热，不利于电气设备的安全，并且严重影响系统的运行效率。

（3）额定输出频率。对于包含电机一类的负载，由于其电机最佳频率工作点为50 Hz，频率过高或者过低都会造成设备发热，降低系统运行效率和使用寿命，所以逆变器的输出频率应是一个相对稳定的值，通常为50 Hz，正常工作条件下其偏差应在±1%以内。

（4）负载功率因数。表征逆变器带感性负载或容性负载的能力。正弦波逆变器的负载功率因数为0.7～0.9，额定值为0.9。在负载功率一定的情况下，如果逆变器的功率因数较低，则所需逆变器的容量就要增大，造成成本增加；同时，光伏发电系统交流回路的视在功率增大，回路电流增大，损耗必然增加，系统效率也会降低。

（5）逆变器效率。逆变器的效率是指在规定的工作条件下，其输出功率与输入功率之比，以百分数表示。一般情况下，光伏逆变器的标称效率是指在纯阻负载、80%负载情况下的效率。由于光伏发电系统总体成本较高，因此应该最大限度地提高光伏逆变器的效率，降低系统成本，提高光伏发电系统的性价比。目前，主流逆变器标称效率为85%～98%，对小功率逆变器要求其效率不低于85%。在光伏发电系统实际设计过程中，不但要选择高效率的逆变器，同时还应通过系统合理配置，尽量使光伏发电系统负载工作在最佳效率点附近。

（6）额定输出电流。额定输出电流用于表示在规定的负载功率因数范围内逆变器的输出电流。有些逆变器产品给出的是额定输出容量，其单位以V·A或kV·A表示。逆变器的额定容量是当输出功率因数为1（即纯阻性负载）时，额定输出电压与额定输出电流的乘积。

（7）保护措施。一款性能优良的逆变器还应具备完备的保护功能或措施，以应对在实际使用过程中出现的各种异常情况，使逆变器本身及系统其他部件免受损伤。常见的保护措施有：①输入欠压保护；②输入过压保护；③过电流保护；④输出短路保护；⑤输入反接保护；⑥防雷保护；⑦过温保护；等等。

（8）启动特性。启动特性表征逆变器带负载启动的能力和动态工作时的性能。逆变器应保证在额定负载下可靠启动。

（9）噪声。电力电子设备中的变压器、滤波电感、电磁开关及风扇等部件均会产生噪声。逆变器正常运行时，其噪声应不超过80 dB，小型逆变器的噪声应不超过65 dB。

3. 逆变器转换效率

逆变器转换效率即逆变器输出的交流电功率与输入的直流功率之比。影响逆变器转换效率的两大决定因素：一个因素是MPPT精度损失，可凭借逆变器的控制经验来提高效率。太阳能面板的输出电流和电压会随着日照和温度时刻发生变化，逆变器可对电流和电压进行最佳控制，使之达到最大的电力量（电力点）。在越短时间内找到最佳电力点，转换效率就会越高。另一个因素是逆变器转换损失，在将直流电流转换成交流正弦波时，需要利用功率半导体的电路对直流电流作开关处理（极短时间的导通及截止），这时功率半导体会发热，从而产生损失。通过改进开关电路的设计，可使这一损失降至最小。

（1）MPPT效率（能量效率）η_{MPPT}。MPPT效率是指在测试时间T_M内，逆变器从太阳能电池获得的电能与理论上太阳能电池工作在最大功率点在该时间段输出的电能的比值。

（2）转换效率（能量效率）η_{conv}。转换效率η_{conv}是指在测试时间T_M内，逆变器交流输出端输出的电能与直流输入端输入的电能的比值。

（3）总效率η_t。总效率η_t表示在测试时间T_M内，逆变器交流输出端输出的电能与理论上太阳能电池工作在最大功率点在该时间段输出的电能的比值。

4. 逆变器的分类

目前比较常用的太阳能逆变器主要有：集中式并网逆变器、组串式并网逆变器、多组串道逆变器和组件逆变器。

（1）集中式并网逆变器。

集中式并网逆变器的功率为50～630 kW，功率器件采用大电流IGBT（绝缘栅双极型晶体管），系统拓扑结构采用DC-AC一级电子器件变换全桥逆变、工频隔离变压器的方式，防护等级一般为IP20，体积较大，室内立式安装。

集中式并网逆变器一般用于日照均匀的大型厂房、荒漠电站、地面电站等大型发电系统中，系统总功率大，一般是MW级以上。

①主要优点。

• 逆变器数量少，便于管理。

• 逆变器元器件数量少，可靠性高。

• 谐波含量少，直流分量少，电能质量高。

• 逆变器集成度高，功率密度大，成本低。

• 逆变器的各种保护功能齐全，电站安全性高。

• 有功率因数调节功能和低电压穿越功能，电网调节性好。

②主要缺点

• 直流汇流箱故障频率较高，会影响整个系统。

• 集中式逆变器MPPT电压范围窄，一般为450～820 V，组件灵活性差。在阴雨天雾气多的地区，发电时间短。

• 逆变器机房安装部署困难，需要专用的机房和设备。

• 逆变器自身耗电以及机房通风散热耗电，系统维护相对复杂。

• 在集中式并网逆变系统中，组件方阵经过两次汇流到达逆变器，逆变器最大功率跟踪功能（MPPT）不能监控到每一路组件的运行情况，因此不可能使每一路组件都处于最佳工作点，当有一块组件发生故障或者被阴影遮挡，会影响整个系统的发电效率。

• 集中式并网逆变器系统中无冗余能力，如有发生故障停机，则整个系统将停止发电。

（2）组串式并网逆变器。

功率小于30 kW，功率开关管采用小电流的MOSFET，拓扑结构采用DC-DC-BOOST升压和DC-AC全桥逆变两级电力电子器件变换，防护等级一般为IP65，体积较小，可室外壁挂式安装。

①主要优点。

• 组串式并网逆变器采用模块化设计，每个光伏串对应一个逆变器，直流端具有最大功率跟踪功能，交流端并联并网，不受组串间模块差异和阴影遮挡的影响。同时减少了光伏电池组件最佳工作点与逆变器不匹配的情况，最大限度增加了发电量。

• 组串式并网逆变器MPPT电压范围宽，一般为250～800 V，组件配置更为灵活。在阴雨天雾气多的地区，发电时间长。

• 组串式并网逆变器的体积小、重量轻，搬运和安装都非常方便，不需要专业工具和设备，也不需要专门的配电室，在各种应用中都能够简化施工，减少占地，直流线路不需要直流汇通箱和直流配电柜等。

• 组串式并网逆变器还具有自耗电低、故障影响小、更换维护方便等优势。

②主要缺点。

• 电子元器件较多，功率器件和信号电路在同一块板上，设计和制造的难度大，可靠性稍差。

• 功率器件电气间隙小，不适合高海拔地区。组串式并网逆变器属于户外型安装，风吹日晒很容易导致其外壳和散热片老化。

• 不带隔离变压器设计，电气安全性稍差，不适合薄膜组件负极接地系统，直流分量大，对电网影响大。

● 多个逆变器并联时，总谐波高，单台逆变器THDI可以控制到2%以上，但如果超过40台逆变器并联时，总谐波会叠加，而且较难控制。

● 逆变器数量多，总故障率会升高，系统监控难度大。

● 没有直流断路器和交流断路器，没有直流熔断器，当系统发生故障时，不容易断开。

● 单台逆变器可以实现零电压穿越，但多机并联时，零电压穿越、无功调节、有功调节等功能较难实现。

（3）多组串道逆变器。

多组串逆变器选取了集中式并网逆变器和组串式并网逆变器的优点，避免了其缺点。多组串逆变器中包含了不同的单独功率峰值跟踪和直流到直流的转换器，光伏组串的不同额定值（如不同的额定功率、每组串不同的组件数、不同的组件生产厂家等）、不同的尺寸或不同技术的光伏组件、不同方向的组串（如东、南和西）、不同的倾角和遮影，都可以被连在一个共同的逆变器上，同时每一组串都工作在它们各自的最大功率峰值上。

另外，直流电缆的长度减少将组串的遮影影响和由于组串间的差异而引起的损失减到最小。

（4）组件逆变器。

组件逆变器是将每个光伏组件与一个逆变器相连，同时每个组件有一个单独的最大功率峰值跟踪，这样组件与逆变器的配合更好。组件逆变器通常用在50～400 W的光伏电站中，其总效率低于组串逆变器。由于组件逆变器在交流处并联，增加了交流侧连线的复杂性，维护较困难。

组件逆变器的并网方式非常简单，通常可以直接通过普通交流电插座进行并网，减少成本和设备的安装。但这样做应征得供电公司的同意，确认是否有需要使用隔离变压器（高频或低频），或者使用无变压器式的逆变器，力求符合电网安全标准。

（三）光伏汇流箱

在分布式光伏发电系统中，使用光伏汇流箱可以减少太阳能光伏电池阵列与逆变器之间的连线。用户可以将一定数量、规格相同的光伏电池串联起来，组成若干光伏阵列，然后再将若干光伏阵列并联接入光伏汇流箱。在光伏汇流箱内汇流后，通过控制器、直流配电柜、光伏逆变器、交流配电柜，构成完整的光伏发电系统，实现与公用电网并网。

光伏汇流箱经历过三代发展：

（1）第一代光伏汇流箱主要实现了汇流和防雷；

（2）第二代光伏汇流箱可监控每一回路电流电压，实现汇流箱失效报警、数据采集、无线数据传输等功能；

（3）目前是第三代智能光伏汇流箱，它常用于连接光伏阵列及逆变器，提供防雷及过流保护，并监测光伏阵列的单串电流、电压及防雷器状态、断路器状态。

智能光伏汇流箱内配置光伏专用直流防雷模块、直流熔断器和断路器等，并设置工作状态指示灯、雷电计数器等，方便用户及时准确地掌握光伏电池的工作情况，保证太阳能光伏发电系统发挥最大功效。

（四）保护及开关配电设施

光伏发电系统通过400 V或10 kV馈线接入配电系统，当接入的分布式光伏发电系统容量与配电网系统容量比值达到一定时，若发生故障，将会影响到配电网原有继电保护装置的正常动作。为了保证光伏发电系统的电气安全运行，所发电量能够正常供给负荷使用，或者并入电网，需要配备必要的保护及开关配电设施。

（五）光伏并网变压器

通过10(6) kV及以上电压等级并网的分布式发电系统需要配置升压变压器。

1. 专用光伏低压绕组分裂变压器

分裂变压器是指每相由一个高压绕组与两个或多个电压和容量均相同的低压绕组构成的多绕组电力变压器。

分裂变压器和普通变压器的区别在于，在它的低压绕组中有一个或几个绕组分裂成额定容量相等的几个支路，这几个支路之间没有电气联系，仅有较弱的磁联系，而且各分支之间有较大的阻抗。应用较多的是双绕组双分裂变压器，它有一个高压绕组和两个分裂的低压绕组，分裂绕组的额定电压和额定容量都相同。

（1）分裂变压器的运行方式。

①分裂运行：两个低压分裂绕组运行，低压绕组间有穿越功率，高压绕组不运行，高低压绕组间无穿越功率。在这种运行方式下，两个低压绕组间的阻抗称为分裂阻抗。

②并联运行：两个低压绕组并联，高低压绕组运行，高低压绕组间有穿越功率，在这种运行方式下，高低压绕组间的阻抗为穿越阻抗。

③单独运行：当任一低压绕组开路，另一低压绕组和高压绕组运行，在此运行方式下，高低压绕组之间的阻抗称为半穿越阻抗。分裂阻抗为穿越阻抗之比，一般为分裂系数。

（2）分裂变压器的特点。

第一，能有效限制低压侧短路电流，因而可选用轻型开关设备，节省投资。正常运行时，分裂变压器的穿越阻抗和普通变压器的阻抗值相同，当低压侧一端短路时，由于分裂阻抗大，短路电流较少。

第二，在应用分裂变压器对两段母线供电时，当一段母线发生短路时，除能有效地限制短路电流外，还能使另一段母线上的电压保持一定水平，不致影响用户的运行。

第三，分裂变压器的制造工艺复杂。例如，当低压绕组产生接地故障时，有很大的电流流向一侧绕组，在分裂变压器铁芯中推动磁的平衡，从而在轴向上产生巨大的短路机械应力，此时必须有坚实的支撑机构，因此，在造价上分裂变压器约比同容量普通变压器贵20%。

第四，当分裂变压器对两段低压母线供电时，如两段负荷不相等，两段母线上的电压也不相等，损耗会增大，所以分裂变压器适用于两段负荷均衡又需限制短路电流的情况。

2. 普通降压变压器

原理上，普通的降压变压器是可以作为升压变压器使用的，但是在实际应用中，降压变压器的结构和保护部分与升压变压器有一定的区别，若长期反向使用，则会慢慢降低降压变压器的使用稳定性，同时也可能影响其使用寿命。

分布式光伏发电输出容量较小时，为充分利用配电资源，节约升压并网投资，很多场合下可以并入普通降压变压器的低压侧。如果光伏发电容量小于降压变压器额定容量的30%以下，基本可以做到免论证直接并入；如果光伏发电容量在降压变压器额定容量的30%～100%时，一般应当进行必要的计算论证，确保并网后的稳定运行。

3. 分布式光伏电站升压变压器选择原则

（1）光伏电站升压站主变压器选择原则。

第一，应优先选用自冷式、低损耗电力变压器。

第二，当无励磁调压电力变压器不能满足电力系统调压要求时，应采用有载调压电力变压器。

第三，主变压器容量可按光伏电站的最大连续输出容量进行选取，且宜选用标准容量。

（2）光伏方阵内就地升压变压器选择原则。

第一，应优先选用自冷式、低损耗电力变压器。

第二，升压变压器容量可按光伏方阵单元模块最大输出功率选取。

第三，可选用高压/低压预装式箱式变电站或由变压器与高低压电气元件等组成的敞开式设备。对于设在沿海或风沙大的区域的光伏电站，当采用户外布置时，沿海区域的光伏发电站的防护等级应达到IP65，风沙大的区域的光伏电站防护等级应达到IP54。

第四，就地升压变压器可采用双绕组变压器或分裂变压器。

第五，就地升压变压器宜选用无励磁调压变压器。

第二节　光伏发电基本特性

从能量的角度理解，光伏电池工作过程就是将入射光能转化为电能的过程。这里给出一个水泵的模型，且假设该水泵能够利用太阳能，将水从低处（低势能处）抽到高处（高势能处）。水泵将水从低势能处抽取到高势能处的过程，就是对光能的利用过程，它将光能转化为水的势能。水被抽到高处后，就可以利用叶轮机等类似的负载，把水的势能转化为动能或者别的形式的能量。但是，由于蓄水池的一些缺陷，可能使得高处部分水没有通过负载，便直接泄漏至低处的蓄水池，造成能量的浪费。光伏电池的能量转化过程与上述模型类似，光伏电池（水泵）利用入射太阳光，使电子（水）从低能态（低处蓄水池）跃迁至高能态（高处蓄水池），高能态的电子再通过负载，如电阻、电机，回到低能态，电子的势能被负载转化为其他形式的能量，而在这个过程中，高能态的电子也可能不通过负载，而由于光伏电池的缺陷等原因，直接跃迁回低能态，也即发生电子和空穴的复合，使得能量被浪费。

光伏发电具有间歇性强、随机性强的特点，会受到环境条件与其他因素的影响，如季节、地理区域、时间等。还会与相连的临近光伏形成电力负荷制约。对其进行建模并准确地分析其特性一直都是一个难点。

一、随机分布的特性

光伏发电的随机性与间歇性较为明显，为了降低其波动性对配电网产生的影响，很多研究人员对其特性展开了充分的研究。根据研究的相关结论与数据我们可以发现，光伏发电不仅会受到光照等环境条件的影响，还会受到时间、地理区域等相关因素的影响。

目前主要使用的光伏发电特性研究方法有两种：第一种，直接法，这种方法是根据大量发电功率序列的记载数据，通过数学拟合回归等技术手段，对光伏发电特性进行具体的分析，具有受其他因素影响小、准确性较高等特点，但是需要进行大量的信息收集；第二种，间接法，这种方法以光伏发电原理为基础，根据光照、气象等相关原始数据进行光伏发电的建模，从而间接获得光伏发电的特性。在建模的过程中，间接法会略掉一部分的影响因素，如光照分布、光伏板安装位置等，虽然不需要输入大量的相关数据，但是这种方法的误差要比直接法更高。

二、光伏发电随机概率新型分布

（一）非参数核密度概率分布

这种方式不需要事先假设分布参数，而是根据光伏样本来研究光伏的分布概率特征。目前，该方法正在被广泛地应用于新能源分布系统当中。

（二）相关性概率分布

光伏发电在光照强度等相关因素的影响下，会产生随机性变化。并且，如果低压配电网的光伏电源渗透率升高，可以发现此配电网相邻的区域中大多数的外部气象条件基本一致。将连片分布式光伏与配电网连接时，在此区域内的大量的分布光伏电源、负荷相互之间都存在一定的关联，会出现光伏处理同时增加或者同时减小的情况，这会使光伏发电的随机性更强，产生的波动也就更大。

随着不断的发展，越来越多的研究人员开始对分布式光伏接入配电网展开研究。有研究发现随着光伏并网规模的不断扩大，光伏发电的特性对配电网产生的影响也会越明显，维护配电网稳定需要控制的因素也就变得更多。近些年，研究人员使用多变量随机分布Copula函数的方法，构建出了分布式光伏和风机的处理相关性的模型，并对分布式光伏特性展开研究。

（三）持续时间概率分布

如上所述，光伏发电的时间波动性与间歇性都较强，光伏发电的输出功率需要依靠分布模型才能够进行更准确的分析。而持续时间概率分布是把光伏发电范围的研究分为不同的时间段，通过对每个时间段光伏发电的功率进行统计，来分析光伏发电的特性。

第三节　最大功率点跟踪技术

一、最大功率点跟踪技术概述

近年来能源短缺和环境污染问题日益严重，清洁、高效、环保的能源受到市场追捧，正因如此，光伏发电技术的重要性越来越突显。光伏发电系统由太阳电池、蓄电池、控制器和逆变器组成，可以将太阳光能转换成电能，系统可靠性高，使用寿命长，不污染环境，能独立发电又能并网运行。对于大型光伏阵列，电能输出具有非线性特征，与外界温度、光照条件和用电负载有关，太阳电池很难一直工作在最大功率处。因此，为了使光伏发电效率高，需要采用MPPT技术。该技术可以预测和跟踪最大功率点，使光伏发电系统在最大功率点工作。

MPPT技术是并网发电中的一项重要技术，它通过改变太阳电池阵列的输出电压或电流的方法，使阵列始终工作在最大功率点上。根据太阳电池的特性，目前实现的跟踪方法主要有以下三种。

（1）恒电压法。因为太阳电池在不同光照条件下的最大功率点的电压相差不大，近似为恒定，故可采取恒电压法实现跟踪。这种方法的误差很大，但是容易实现，成本较低。

（2）扰动观察法（又称“爬山法”）。通过周期性地不断给太阳电池阵列的输出电压施加扰动，并观察其功率输出的改变，然后决定下一次扰动的方向。这种方法的追踪速度较慢，只适合于光强变化较小的环境。

（3）导纳微分法（又称“增量电导法”）。该方法认为太阳电池阵列的最大功率点处的输出功率对输出电压的一阶导数等于零。因此，在环境光强发生改变时，根据dI/dV的计算结果是否等于$-I/V$，决定是否继续调整输出电压，即可实现最大功率点的跟踪。该方法相对于恒电压法和爬山法有高速、稳定的跟踪特性。

上述三种方法各有特点，但是都不同时具有低成本、高稳定性、快速追踪的特性。第一种方法只是粗略估计了最大功率点的位置，在光强变化到很大或较小时都会产生很大的误差。后两种方法本质上都是通过判断当前工作点是否处于最大工作点来决定是否继续调整及其调整的方向，因此最终的结果是逆变器始终工作在最大功率点左右，来回振荡，而不是真正的工作在最大功率点处。反应在太阳电池阵列的输出上就是，太阳电池阵列的输出电压或电流总是以一个直流电平为中心上下跳跃，波形很不稳定，而且在光强变化速度较快时，不能及时反应。

二、太阳能电池功率点跟踪方法及算法

扰动观察法是目前太阳能电池最大功率点跟踪技术中最为成熟以及被采用得最多的方法，此法的硬件需求较少，模拟／数字转换器节省得相当多，因此在制造的成本上将大为降低。扰动观察法的缺点是在最大功率点跟踪过程中，当大气条件迅速改变时，由于响应速度未能及时调整，会使追踪的速度变缓，造成功率的损失。为克服此缺点，可以用软件技术来加以改善，赋予系统自我调整响应速度的功能，亦即以软件算法来达到太阳能电池最大功率点的跟踪，并分析系统操作于高频率下的追踪性能。

依电路理论而言，当太阳能电池的等效输出阻抗等于负载端的等效输入阻抗时，太阳能电池所送出的功率为最大，这就是最大功率转移定理。因此，当太阳能电池模块串联直流时，若要得到太阳能电池的最大功率，则转换器的输入阻抗必须和太阳能电池的输出阻抗相等，但是太阳能电池的输出功率受到大气条件的影响，使得其等效输出阻抗并不会固定在某一定值。对转换器而言，其输入阻抗是随着工作周期的改变而有所不同，所以转换器若要维持太阳能电池在最大功率下操作，就必须随时调整其工作周期。

当输入转换器的功率为一定值，且转换器的输出可调时，则此转换器即具有负阻抗的特性，若输入电压减少则输入电流将增加，以维持输入转换器的功率为一定值。输出可调的是最小输入电压，即当输入电压小于此值，则转换器就不具有调节功能，而转换器所呈现的是正阻抗的特性。由于转换器具有负阻抗的特性，使得在跟踪最大功率点的过程中易造成系统崩溃，因为当转换器的输入阻抗比太阳能电池的输入阻抗小时，系统将无法跟踪到最大功率点。换句话说，当太阳能电池操作在高阻抗区时，系统为了要跟踪太阳能电池的最大功率点，因此会调整开关的责任周期，使得导通时间增加，这将造成太阳能电池的输出电压降低，如此反复循环，最后使得开关的责任周期保持在最大，但却不是系统的最大功率点。因此对于一个具有负阻抗特性的转换器，太阳能电池只能操作在低阻抗区，即最大功率点的右边区域，而不能操作在高阻抗区。

为了改善上述现象，系统控制的设计需避免转换器操作在负阻抗特性区。由于引起负阻抗的原因是当输入电压（或电流）增加时，造成输入电流（或电压）的减少，所以在跟踪最大功率点的过程中，当电压增加时，经由回授与控制器的计算判断，促使开关的导通时间增加，电流也因此而增加。由于输入转换器的功率为一定值，所以电压将会因电流的增加而减少。上述过程中，因电压的增加造成电流的增加，所以负阻抗的性质就不存在了，太阳能电池也因此可以操作在高阻抗区域。

三、实现光伏发电系统最大功率跟踪的方法

在实践中可以采用三种方法使光伏电池或方阵的输出功率最大：太阳跟踪（sun-tracking）、最大功率点跟踪（maximu power point tracking）和两种方法综合使用。出于经济方面的考虑，在小规模的系统中经常使用最大功率点跟踪的方法。最大功率点的跟踪方法有很多种，比较简单的如功率匹配电路（power matching scheme）、曲线拟合技术（curve-fitting technique）以及后来的扰动观察法（perturb and observe method）和增量电导法（incremental conductance algorithm）。

（一）功率匹配电路

选择太阳电池或太阳电池组合使其输出特性与特定的负载相匹配。由于该技术主要与日照和负载条件相关，所以只能大致估计MPP（最大功率点）的位置。

（二）曲线拟合技术

预先测得太阳电池组件的输出特性，并用显示的数学表达式描述。该方法不能预测一些复杂因素的影响，如老化、温度或者某些电池的击穿等。

（三）扰动观察法

此方法是一个不断重复的过程，通过不断扰动太阳电池的工作点，找到使功率输出最大的变化方向。基本的工作过程是周期性地给太阳电池的端电压施加扰动，并与上一个周期比较输出功率的大小。最大功率控制实际上就是通过功率反馈控制使功率的导数等于零。该方法的优点是不需要太阳电池的输出特性。但该方法不适用于环境条件变化快的情况。太阳电池输出功率计算可以通过单片机或模拟乘法器实现。

（四）恒电压法

该方法是基于这样一个事实：太阳电池最大功率点电压约为其开路电压的76%。为了确定最大功率点，需要暂时把负载断开并对开路电压采样和保持作为控制环的参考电压。

（五）增量电导法

增量电导法是MPPT控制常用的又一算法，也是一种以扰动太阳电池的输出电压来进行太阳电池最大功率点跟踪的一种策略，它是根据在最大功率点时太阳电池的输出功率对电压的微分为0而被提出来的。光伏发电系统的最大功率点在P-U曲线的波峰上，而且P-U特性曲线是单峰曲线。

通过检测光伏电池的瞬时电导值G和电导值增加量ΔG，把这两个值与0进行比较，来实现控制信号的变化。增量电导法的最大优点是其电压摆动的幅度相对来说要小。但

电压增量步长较小，则跟踪的速度会较慢。并且增量电导法对传感器的精度和系统各个部分响应速度要求高，所以造价相对高。

四、改进的MPPT算法

（一）自适应变步长的增量电导

传统增量电导法是固定步长的，这种方法在跟踪速度和稳态精度的要求方面有着很大矛盾，小步长能够提高精度，但系统的跟踪速度很慢；大步长可以有效提高跟踪速率，但这是以降低跟踪精度和系统稳定性为代价的。当光伏发电系统的运行点离最大功率点较远时，dP/dV较大，此时可以适量增加变量步长以增加系统的动态响应速率。即：将dP/dV作为步长的变化系数，实现步长的自动调整。与传统的电导增量法相比，该方法通过步长的自动调整，减少了所需的实际运行时间，提高了采样率，具有良好的跟踪精度和快速的收敛速度，降低了系统成本。增量步长由换算系数和dP/dV确定，改进了增量步长的确定方法，增量步长直接由ΔP和一定的换算系数确定；对自适应变步长电导增量法做了验证，用Labview（实验室虚拟仪器工程工作台）实现了增量电导MPPT算法。

（二）模糊控制技术

模糊控制是智能控制方法的一种，其特点是在设计过程中不需事先知道被控对象的精确模型，对难以建立精确模型的复杂对象，可以根据操作经验直接进行控制，因此控制设计简单。将模糊逻辑控制技术应用到光伏发电系统最大功率点追踪中，即基于模糊逻辑控制和光伏发电系统的模糊逻辑控制算法。并将太阳电池板在Matlab和Simulink中进行了建模分析，对该算法进行了验证。该方法采用基于模糊逻辑的控制器，模糊逻辑控制器具有健壮性和相对简单的设计优点，有两个输入和一个输出。

模糊控制规则要根据以上结论，使$E(k)$始终向零的方向靠近，使光伏电池一直以最大功率点输出。对于复杂的控制问题，该方法的鲁棒性以及适应性较好，抗干扰能力较好。目前，关于模糊控制的研究主要是将模糊控制与传统控制方法相结合，以便获得更优的控制效果。在基于扰动观察策略的基础上，提出了基于变步长扰动观察策略的模糊控制方法，该方法的寻优过程分两个方面：一是根据环节的不同而调节扰动幅度，二是利用模糊控制技术确保系统稳定后工作在最大功率点较近的地方。最后通过仿真得出，在外界条件变化时，设计的控制器控制效果较好，跟踪速度相对较快。

（三）神经网络技术

神经网络技术是一种仿人思维的控制技术，它不依赖于被控过程的数学模型，抗干扰能力较强，具有黑箱学习模式特点，用于具有非线性特性的光伏发电系统的MPPT技术十分合适。但神经网络系统的学习模式需要长期训练，且输入、输出数据关系难以表达。由于神经网络控制技术和上文所述的模糊控制技术可以实现优势互补，如果将模糊算法和神经网络结合，将能够更好地对MPP进行追踪。另外，还有一种自适应神经-模糊推理系统（ANFIS）的最大功率点跟踪方法。该方法将温度和辐照度确定为反映影响光伏阵列工作点的环境条件的控制系统的输入变量、ANFIS控制器的输出标识为占空比，通过馈送适当占空比给激活转换器的开关来频繁地估计参考电压，使得光伏发电系统以其MPP电压工作，以实现MPP电压控制光伏发电系统的功能。该方法通过实测数据提取模糊控制规则，并将其嵌入模糊控制器当中，确定隶属函数，有效降低了模糊推理函数（FIS）的设计难度，其特点是反应速度快，对环境变化适应性强，具有学习能力，针对光伏发电系统使用过程中的变化，只需记录实测数据训练新的FIS，并将它转换成相应控制程序，即可实现MPPT控制器的优化升级，具有很高的实际应用价值。

（四）其他改进技术

（1）基于模拟迭代最大功率点跟踪技术（AIB-MPPT）。该方法允许目标功率跟踪当前的采样功率状态，促进目标功率电平，并且调整转换器以使输出功率达到目标。重复该过程，并且功率目标和采样功率状态迭代地彼此跟踪以到达MPP。AIB-MPPT的创新点是将比较问题从先前的采样功率状态转移到通过AC或DC源中的MPPT的动态目标功率，可以跟踪最大输入功率并压制在一个小范围内。该方法的优点是在没有复杂数据计算和存储的情况下实现了高跟踪效率，实现了直接交流源MPPT。缺点是对光伏发电系统的特定参数和许多传感器的要求的巨大依赖，可能无法在具有多个局部最大功率点的*P-V*曲线中找出全局最大功率点。

（2）逆动态分析-最大功率点跟踪（IDA-MPPT）方案。该方案是从两个源获得的电压响应改变为三阶指数函数，提出一种维持整个系统稳定性的逆动态MPPT控制策略。

五、阴影下的MPPT算法

传统的MPPT算法可以在均匀的太阳辐射或恒定的环境条件下正确地跟踪MPP，因为在*P-V*曲线上有一个MPP。在有部分阴影的条件下（PSCS）或快速变化的环境条件下，光伏组件上的太阳辐照度变得不均匀。在这种情况下，*P-V*曲线上出现了许多局部MPP，其中只有一个是全局最大功率点（GMPP）。GMPP是在多个MPP中拥有最高权力值的点。在*P-V*曲线中存在多个MPP的情况下，传统的MPPT算法无法跟踪GMPP。

基于模糊逻辑控制器的跟踪回路和扫描储存办法。它结合了基于模糊逻辑控制器（FLC）的新的跟踪循环与扫描和存储算法，通过扫描和存储过程识别GMPP及其相应的占空比（DGMPP），之后激活基于跟踪循环的FLC来跟踪所识别的GMPP。该方法的优点是保证了在复杂阴影、快速瞬态变化的阴影模式下GMPP的准确和快速收敛，大大提高了跟踪效率，并显著降低了响应时间。

同时使用电压和电流偏差的快速动态MPPT技术首先建立了一个简单的光伏发电系统，MPPT控制器首先根据公式分别计算电压和电流的偏差ΔV_{PV}和ΔI_{PV}。然后，计算功率两侧斜率a和b，如果$a>0$和$b<0$（MPP的左侧），则电流I_{PV}通过减小DS而不断降低，反之升高，以将PV模块的工作点移动到MPP。该方法与其他MPPT方法相比，提

供了最短的收敛时间，即具有非常快的高精度动态响应和最高的MPPT效率。

粒子群优化法（POS-MPPT）。该方法是基于粒子群、目标函数或适应度函数，通过递归与粒子间相互作用，利用目标函数将当前的光伏发电功率与前一次迭代得到的光伏发电功率进行对比，找到相对更接近的MPP，从而找到GMPP，同时通过使用PSO-MPPT进行全局MPPT技术，克服与局部遮蔽相关的不匹配现象问题。与其他MPPT技术相比，PSO-MPPT始终能够达到GMPP，提高了光伏发电系统的效率。

基于遗传算法的最大功率点跟踪方法。首先选择当前迭代期望的输出电压，计算当前功率，再考虑局部阴影影响，组合两个迭代期望的输出电压以产生一个新的迭代期望的输出电压，再计算功率，进行对比，确定GMPP。该方法解决了古典MPPT算法中扰动观测法或增量电导法在发现的第一个最大功率点中被阻塞而无法在PV特性中找到具有多个MPP的系统中的全局最大功率点的问题。

第四节 反孤岛保护技术

一、孤岛效应的含义

由于孤岛效应的潜在危险性和对设备的破坏性，社会公共工程和发电设备业主长期以来一直关注并网逆变器的反孤岛策略。因此，在并网光伏发电系统的应用中必须防止孤岛效应的发生。

所谓孤岛效应，即指并入公共电网中的发电装置，在电网断电的情况下，不能检测到或根本没有相应检测手段检测这种情况，仍然向公共电网馈送电量。

二、孤岛效应的危害

一般来说，孤岛效应可能对整个配电系统设备及用户端的设备造成不利的影响，包括：

（1）危害电力维修人员的生命安全；

（2）影响配电系统上的保护开关动作程序；

（3）孤岛区域所发生的供电电压与频率的不稳定性会对用电设备带来破坏；

（4）当供电恢复时，孤岛效应造成的电压相位不同步将会导致浪涌电流产生，可能会引起再次跳闸或对光伏发电系统、负载和供电系统带来损坏；

（5）并网光伏发电系统因单相供电会造成系统三相负载的欠相供电问题。

由此可见，作为一个安全可靠的并网逆变装置，必须能及时检测出孤岛效应并避免所带来的危害。

三、孤岛效应的检测方法

孤岛效应的检测方法根据技术特点，可以分为三大类：被动检测方法、主动检测方法和开关状态监测方法（基于通信的方法）。

（一）被动检测方法

被动检测方法利用电网断电时逆变器输出端电压、频率、相位或谐波的变化进行孤岛效应检测。但当光伏发电系统输出功率与局部负载功率平衡时，被动检测方法将失去对孤岛效应的检测能力，存在较大的检测盲区（non-detection zone，NDZ）。并网逆变器的被动式反孤岛方案不需要增加硬件电路，也不需要单独地保护继电器。

1. 过/欠电压和高/低频率检测法

过/欠电压和高/低频率检测法是在公共耦合点的电压幅值和频率超过正常范围时，停止逆变器并网运行的一种检测方法。逆变器工作时，电压、频率的工作范围要合理设置，允许电网电压和频率的正常波动，一般对220 V/50 Hz电网，电压（U）和频率（f）的工作范围分别为194 V$\leqslant U \leqslant$242 V、49.5 Hz$\leqslant f \leqslant$50.5 Hz。如果电压或频率偏移达到孤岛效应检测的设定阈值，则可检测到孤岛效应的发生。然而当逆变器所带的本地负荷与其输出功率接近于匹配时，则电压和频率的偏移将非常小甚至为0，因此该方法存在检测盲区。这种方法的经济性较好，但由于检测盲区较大，所以单独使用过/欠电压和高/低频率检测法来检测孤岛效应是不够的。

2. 电压谐波检测法

电压谐波检测法通过检测并网逆变器的输出电压的总谐波失真（total harmonic distortion，THD）是否越限来防止孤岛效应的发生，这种方法依据工作分支电网功率变压器的非线性原理。发电系统并网工作时，其输出电流谐波将通过公共耦合点a点流入电网。由于电网的网络阻抗很小，a点电压的总谐波畸变率通常较低，此时a点电压的THD总是低于阈值（一般要求并网逆变器的THD小于额定电流的5%）。当电网断开时，由于负载阻抗通常要比电网阻抗大得多，a点电压（谐波电流与负载阻抗的乘积）将产生很大的谐波，通过检测电压谐波或谐波的变化就能有效地检测到孤岛效应的发生。但是在实际应用中，由于非线性负载等因素的存在，电网电压的谐波很大，谐波检测的动作阈值不容易确定，因此，该方法具有局限性。

3. 电压相位突变检测法

电压相位突变检测法通过检测并网逆变器的输出电压与电流的相位差变化来检测孤岛现象的发生。并网光伏发电系统并网运行时通常在单位功率因数模式下工作，即并网光伏发电系统输出电流与电压（电网电压）同频同相。当电网断开后，若出现了并网光伏发电系统单独给负载供电的现象，此时，a点电压由输出电流I_o和负载阻抗Z所决定。由于锁相环的作用，I_o与a点电压仅仅在过零点发生同步，在过零点之间，I_o因跟随系统内部的参考电流而不会发生突变，对于非阻性负载，a点电压的相位将会发生突变，从而可以采用相位突变检测方法来判断孤岛效应是否发生。电压相位突变检测法简单，易于实现。但当负载阻抗角接近0时，即负载近似呈阻性，由于所设阈值的限制，该方法失效。

被动检测方法一般实现起来比较简单，然而当并网逆变器的输出功率与局部电网负载的功率基本接近，导致局部电网的电压和频率变化很小时，被动检测方法就会失效，存在较大的检测盲区。

（二）主动检测方法

主动检测方法是指通过控制逆变器，使其输出功率、频率或相位存在一定的扰动。电网正常工作时，由于电网的平衡作用，检测不到这些扰动。一旦电网出现故障，逆变器输出的扰动将快速累积并超出允许范围，从而触发孤岛效应检测电路。该方法检测精度高、检测盲区小，但是控制较复杂，且降低了逆变器输出电能的质量。目前并网逆变器的反孤岛策略是将被动检测方法与主动检测方法相结合。

1. 频率偏移检测法

频率偏移检测法是一种常见的主动扰动检测方法。该方法采用主动频移方案使并网逆变器输出频率略微失真的电流，以形成一个连续改变频率的趋势，最终导致输出电压和电流超过频率保护的界限值，从而达到反孤岛效应的目的。

2. 滑模频漂检测法

滑模频率漂移检测法是一种主动式孤岛检测方法。该方法通过控制逆变器的输出电流，使其与公共点电压间存在一定的相位差，以期在电网失压后公共点的频率偏离正常范围，从而检测出孤岛效应。正常情况下，逆变器相角响应曲线设计在系统频率附近，单位功率因数模式下逆变器相角比RLC负载增加得快。当逆变器与配电网并联运行时，配电网通过提供固定的参考相角和频率，使逆变器工作点稳定在工频。当孤岛形成后，如果逆变器输出电压频率有微小波动，逆变器相位响应曲线会使相位误差增加，并到达一个新的稳定状态点。新状态点的频率必会超出过频保护（OFR）/欠频保护（UFR）的动作阈值，此时逆变器因频率误差而关闭。此检测方法实际是通过移相达到移频，与频率偏移检测法一样有实现简单、无须额外硬件、检测可靠性高等优点，两者也有类似的弱点，即随着负载品质因数增加，检测失败的可能性变大。

3. 周期电流扰动检测法

周期电流扰动检测法是一种主动式孤岛检测法。对于电流源控制型的逆变器来说，每隔一定周期，减小并网逆变器输出电流，可改变其输出有功功率。当逆变器并网运行时，其输出电压恒定为电网电压；当电网断电时，逆变器输出电压由负载决定。每到达电流扰动时刻，输出电流幅值改变，负载上电压也随之变化，当电压达到欠电压范围时即可检测到孤岛效应的发生。

4. 频率突变检测法

频率突变检测法是对频率偏移检测法的修改，与阻抗测量法相类似。频率突变检测法在输出电流波形（不是每个周期）中加入死区，频率按照预先设置的模式振动。例如，在第四个周期加入死区，正常情况下，逆变器电流引起频率突变，而电网阻止其波动。孤岛形成后，该检测方法通过对频率加入偏差，检测逆变器输出电压频率的振动模式是否符合预先设定的振动模式来判断孤岛效应是否发生。这种检测方法的特点是：如果振动模式足够成熟，使用单台逆变器工作时，可有效防止孤岛效应的发生，但是在多台逆变器运行的情况下，如果频率偏移方向不相同，会降低孤岛检测的效率和有效性。

（三）其他方法

孤岛效应的检测方法除了上述普遍采用的被动检测法和主动检测法，还有一些逆变器外部的检测方法，如网侧阻抗插值法，该方法是指电网出现故障时在电网负载侧自动插入一个大的阻抗，使得网侧的阻抗突然发生显著变化，从而破坏电网系统功率平衡，造成电压、频率及相位的变化。该方法还运用电网系统的故障信号进行控制，一旦电网出现故障，电网侧自身的监控系统就向光伏发电系统发出控制信号，以便能够及时切断分布式光伏发电系统与电网的并联运行。

习　题

客观题

1.（单选题）逆变器类型分布式电源接入220/380 V配电网，其接入容量超过本台区配变额定容量（　　）时，配变低压侧刀熔总开关应改造为低压总开关，并在配变低压母线处装设反孤岛装置。其中低压总开关与反孤岛装置间应具备操作闭锁功能，母线间有联络时，联络开关与反孤岛装置间也应具备操作闭锁功能。

A. 20%　　B. 25%

C. 30%　　D. 50%

2.（多选题）光伏材料包括（　　）。

A. 单晶硅

B. 多晶硅

C. GaAs

D. 非晶硅

3.（多选题）常用的太阳逆变器主要有（　　）。

A. 集中式并网逆变器

B. 组串式并网逆变器

C. 多组串道逆变器

D. 组件逆变器

4.（判断题）接有分布式电源的10 kV配电台区，可以与其他台区建立低压联络（配电室、箱式变低压母线间联络除外）。（　　）

A. 是　　B. 否

5.（判断题）逆变器类型分布式电源功率因数应在超前0.98～滞后0.98范围内可调。（　　）

A. 是　　B. 否

6.（判断题）感应电机类型分布式电源与公共电网连接处（如用户进线开关）功率因数应在超前0.98～滞后0.98范围内。（　　）

A. 是　　　B. 否

7.（填空题）逆变器类型分布式电源经逆变器接入电网，主要包括（　　）、全功率逆变器并网风机等。

8.（填空题）从能量的角度理解，光伏电池工作过程就是将入射（　　）转化为（　　）的过程。

简答题

1. 光伏发电的历史起源是什么？

1839年，19岁的贝克雷尔做物理实验时，发现用光照射在导电液中的两种金属电极时电极间的电流会加强，从而发现了光生伏打效应（简称“光伏效应”）。1930年，郎格首次提出用光伏效应制造太阳能电池，使太阳能变成电能。

1932年，奥杜博特和斯托拉制成第一块硫化镉太阳能电池。1941年，奥尔在硅上发现光伏效应。

1954年5月，美国贝尔实验室恰宾和皮尔松开发出效率为6%的单晶硅太阳能电池，这是世界上第一个有实用价值的太阳能电池。同年威克首次发现了砷化镍有光伏效应，并在玻璃上沉积出硫化镍薄膜，制成了太阳能电池，太阳能转化为电能的实用光伏发电技术由此诞生并发展起来。

2. 光伏电池是怎么发电的？

光伏电池是一种具有光、电转换特性的半导体器件，它直接将太阳能转换成直流电，是光伏发电系统的最基本单元，通过在晶体硅中掺入某些元素（如磷或硼等）使材料中分子电荷永久不平衡，可以形成用于制作光伏电池的具有特殊电性能的半导体材料。在阳光照射下具有特殊电性能的半导体内可以产生自由电荷，这些自由电荷定向移动并积累，从而在其两端闭合时便产生电能，这种现象被称为“光伏效应”。

3. 光伏发电系统由哪些部件构成？

光伏发电系统由光伏方阵（光伏方阵由光伏组件串并联而成）、控制器、蓄电池组、直流/交流逆变器等部分组成。光伏发电系统的核心部件是光伏方阵，而光伏方阵又是由光伏组件串、并联并封装而成。光伏组件将太阳能直接转化为电能，产生的电为直流电，该直流电可以直接被利用，也可以用逆变器将其转换成为交流电再加以利用，从另一个角度来看对于光伏发电系统产生的电能可以即发即用，也可以用蓄电池等储能装置将电能存放起来，再根据需要随时释放出来使用。

4. 分布式光伏发电有哪些应用形式？

分布式光伏发电包括并网型、离网型及多能互补型微电网等应用形式，并网型分布式光伏发电多应用于用户附近，一般与中、低压配电网并网运行，自发自用，不能发电或电力不足时从电网上购电，电力多余时向网上售电。离网型分布式光伏发电多应用于边远地区和海岛地区，它不与大电网连接，利用自身的发电系统和储能系统直接向负荷供电。分布式光伏发电还可以与其他发电方式（如水，风力发电）组成多能互补微电网系统，既可以作为微电网独立运行，也可以并入电网联网运行。

5. 请简述分布式电源并网点的定义。

对于有升压站的分布式电源，并网点为分布式电源升压站高压侧母线或节点；对于无升压站的分布式电源，并网点为分布式电源的输出汇总点。

6. 请简述分布式电源接入点和公共连接点的定义。

分布式电源接入点是指电源接入电网的连接处，该电网既可能是公共电网，也可能是用户电网；分布式电源公共连接点是指用户系统（发电或用电）接入公用电网的连接处。

7. 请分别简述分布式电源专线接入与T接方式的概念。

分布式电源专线接入，是指在分布式电源接入点处设置分布式电源专用的开关设备（间隔），如分布式电源直接接入变电站、开闭站、配电室母线，或环网柜时使用专线接入。分布式电源T接，是指分布式电源接入点处未设置其专用的开关设备（间隔），如分布式电源直接接入架空或电缆线路时使用T接。

【答案】

1. B	2. ABCD	3. ABCD	4. B
5. B	6. A	7. 光伏	8. 光能、电能

第三章 分布式光伏并网政策解析

第一节　政策解读

一、政府层面分布式光伏政策

2022年5月，国家发改委、国家能源局发布《关于促进新时代新能源高质量发展的实施方案》。

方案提出，要实现到2030年风电、太阳能发电总装机容量达到12亿千瓦以上的目标，加快构建清洁低碳、安全高效的能源体系。

加快推进以沙漠、戈壁、荒漠地区为重点的大型风电光伏基地建设。加大力度规划建设以大型风光电基地为基础、以其周边清洁高效先进节能的煤电为支撑、以稳定安全可靠的特高压输变电线路为载体的新能源供给消纳体系，在土地预审、规划选址、环境保护等方面加强协调指导，提高审批效率。按照推动煤炭和新能源优化组合的要求，鼓励煤电企业与新能源企业开展实质性联营。

推动新能源在工业和建筑领域应用。在具备条件的工业企业、工业园区，加快发展分布式光伏、分散式风电等新能源项目，支持工业绿色微电网和源网荷储一体化项目建设，推进多能互补高效利用，开展新能源电力直供电试点，提高终端用能的新能源电力比重。推动太阳能与建筑深度融合发展。完善光伏建筑一体化应用技术体系，壮大光伏电力生产型消费者群体。到2025年，公共机构新建建筑屋顶光伏覆盖率力争达到50%；鼓励公共机构既有建筑等安装光伏或太阳能热利用设施。

引导全社会消费新能源等绿色电力。开展绿色电力交易试点，推动绿色电力在交易组织、电网调度、价格形成机制等方面体现优先地位，为市场主体提供功能健全、友好易用的绿色电力交易服务。建立完善新能源绿色消费认证、标识体系和公示制度。完善绿色电力证书制度，推广绿色电力证书交易，加强与碳排放权交易市场的有效衔接。加大认证采信力度，引导企业利用新能源等绿色电力制造产品和提供服务。鼓励各类用户购买新能源等绿色电力制造的产品。

全面提升电力系统调节能力和灵活性。充分发挥电网企业在构建新型电力系统中的平台和枢纽作用，支持和指导电网企业积极接入和消纳新能源。完善调峰调频电源补偿机制，加大煤电机组灵活性改造、水电扩机、抽水蓄能和太阳能热发电项目建设力度，推动新型储能快速发展。研究储能成本回收机制。鼓励西部等光照条件好的地区使用太阳能热发电作为调峰电源。深入挖掘需求响应潜力，提高负荷侧对新能源的调节能力。

着力提高配电网接纳分布式新能源的能力。发展分布式智能电网，推动电网企业加强有源配电网（主动配电网）规划、设计、运行方法研究，加大投资建设改造力度，提高配电网智能化水平，着力提升配电网接入分布式新能源的能力。合理确定配电网接入分布式新能源的比例要求。探索开展适应分布式新能源接入的直流配电网工程示范。

稳妥推进新能源参与电力市场交易。支持新能源项目与用户开展直接交易，鼓励签订长期购售电协议，电网企业应采取有效措施确保协议执行。对国家已有明确价格政策的新能源项目，电网企业应按照有关法规严格落实全额保障性收购政策，全生命周期合理小时数外电量可以参与电力市场交易。在电力现货市场试点地区，鼓励新能源项目以差价合约形式参与电力市场交易。

完善可再生能源电力消纳责任权重制度。科学合理设定各省（自治区、直辖市）中长期可再生能源电力消纳责任权重，做好可再生能源电力消纳责任权重制度与新增可再生能源不纳入能源消费总量控制的衔接。建立完善可再生能源电力消纳责任考评指标体系和奖惩机制。

（一）《国家电网公司关于做好分布式电源并网服务工作的意见（修订版）》

1. 总则

分布式电源对优化能源结构、推动节能减排、实现经济可持续发展具有重要意义。国家电网公司（以下简称公司）认真贯彻落实国家能源发展战略，积极支持分布式电源加快发展，依据《中华人民共和国电力法》《中华人民共和国可再生能源法》等法律法规以及有关规程规定，按照优化并网流程、简化并网手续、提高服务效率原则，制订本意见。

2. 适用范围

（1）本意见所称分布式电源，是指位于用户附近，所发电能就地利用，以10千伏及以下电压等级接入电网，且单个并网点总装机容量不超过6兆瓦的发电项目。包括太阳能、天然气、生物质能、风能、地热能、海洋能、资源综合利用发电等类型。

（2）以10千伏以上电压等级接入，或以10千伏电压等级接入但需升压送出的发电项目，执行国家电网公司常规电源相关管理规定。小水电项目按国家有关规定执行。

3. 一般原则

（1）公司积极为分布式电源项目接入电网提供便利条件，为接入系统工程建设开辟绿色通道。接入公共电网的分布式电源项目，其接入系统工程（含通信专网）以及接入引起的公共电网改造部分由公司投资建设。接入用户侧的分布式电源项目，其接入系统工程由项目业主投资建设，接入引起的公共电网改造部分由公司投资建设（西部地区接入系统工程仍执行国家现行规定）。

（2）分布式电源项目工程设计和施工建设应符合国家相关规定，并网点的电能质量应满足国家和行业相关标准。

（3）建于用户内部场所的分布式电源项目，发电量可以全部上网、全部自用或自发自用余电上网，由用户自行选择，用户不足电量由电网提供。上、下网电量分开结算，电价执行国家相关政策。公司免费提供关口计量装置和发电量计量用电能表。

（4）分布式光伏发电、风电项目不收取系统备用容量费，其他分布式电源项目执行国家有关政策。

（5）公司为享受国家电价补助的分布式电源项目提供补助计量和结算服务，公司收到财政部门拨付补助资金后，及时支付项目业主。

4. 并网服务程序

（1）公司地市或县级客户服务中心为分布式电源项目业主提供接入申请受理服务，协助项目业主填写接入申请表，接收相关支持性文件。

（2）公司为分布式电源项目业主提供接入系统方案制订和咨询服务。接入申请受理后40个工作日内（光伏发电项目25个工作日内），公司负责将10千伏接入项目的接入系统方案确认单、接入电网意见函，或380伏接入项目的接入系统方案确认单告知项目业主。项目业主确认后，根据接入电网意见函开展项目核准和工程设计等工作。380伏接入项目，双方确认的接入系统方案等同于接入电网意见函。

（3）建于用户内部场所且以10千伏接入的分布式电源，项目业主在项目核准后、在接入系统工程施工前，将接入系统工程设计相关材料提交客户服务中心，客户服务中心收到材料后出具答复意见并告知项目业主，项目业主根据答复意见开展工程建设等后续工作。

（4）分布式电源项目主体工程和接入系统工程竣工后，客户服务中心受理项目业主并网验收及并网调试申请，接收相关材料。

（5）公司在受理并网验收及并网调试申请后，10个工作日内完成关口电能计量装置安装服务，并与项目业主（或电力用户）签署购售电合同和并网调度协议。合同和协议内容执行国家电力监管委员会和国家工商行政管理总局相关规定。

（6）公司在关口电能计量装置安装完成、合同和协议签署完毕后，10个工作日内组织并网验收及并网调试，向项目业主提供验收意见，调试通过后直接转入并网运行。验收标准按国家有关规定执行。若验收不合格，公司向项目业主提出解决方案。

（7）公司在并网申请受理、接入系统方案制订、接入系统工程设计审查、计量装置安装、合同和协议签署、并网验收和并网调试、政府补助计量和结算服务中，不收取任何服务费用；由用户出资建设的分布式电源及其接入系统工程，其设计单位、施工单位及设备材料供应单位由用户自主选择。

5. 咨询服务

国家电网公司为分布式电源并网提供客户服务中心、95598服务热线、网上营业厅等多种咨询渠道，向项目业主提供并网办理流程说明、相关政策规定解释、并网工作进度查询等服务，接受项目业主投诉。

（二）《国家电网公司分布式电源并网服务管理规则（修订版）》

1. 总则

第一条　为促进分布式电源快速发展，规范分布式电源并网服务工作，提高分布式电源并网服务水平，践行公司“四个服务”宗旨及“欢迎、支持、服务”要求，按照公司《关于做好分布式电源并网服务工作的意见（修订版）》《关于促进分布式电源并网管理工作的意见（修订版）》（国家电网办〔2013〕1781号）要求制定本规则。

第二条　按照“四个统一”、“便捷高效”和“一口对外”的基本原则，由公司统一管理模式、统一技术标准、统一工作流程、统一服务规则；进一步整合服务资源，压缩管理层级，精简并网手续，并行业务环节，推广典型设计，开辟“绿色通道”，加快分布式电源并网速度；由营销部门牵头负责分布式电源并网服务相关工作，向分布式电源业主提供“一口对外”优质服务。

第三条　本管理规则所称分布式电源是指在用户所在场地或附近建设安装，运行方式以用户侧自发自用为主、多余电量上网，且在配电网系统平衡调节为特征的发电设施或有电力输出的能量综合梯级利用多联供设施。包括太阳能、天然气、生物质能、风能、地热能、海洋能、资源综合利用发电（含煤矿瓦斯发电）等。

第四条　本规则适用于以下两种类型分布式电源（不含小水电）：

第一类：10千伏及以下电压等级接入，且单个并网点总装机容量不超过6兆瓦的分布式电源。

第二类：35千伏电压等级接入，年自发自用电量大于50%的分布式电源；或10千伏电压等级接入且单个并网点总装机容量超过6兆瓦，年自发自用电量大于50%的分布式电源。

第五条　接入点为公共连接点、发电量全部上网的发电项目，小水电，除第一、二类以外的分布式电源，本着简便高效原则做好并网服务，执行国家电网公司常规电源相关管理规定。

第六条　分布式电源发电量可以全部自用或自发自用余电上网，由用户自行选择，用户不足电量由电网提供；上、下网电量分开结算，各级供电公司均应按国家规定的电价标准全额保障性收购上网电量，为享受国家补贴的分布式电源提供补贴计量和结算服务。

第七条　分布式光伏发电、分布式风电项目不收取系统备用容量费；对分布式光伏发电自发自用电量免收可再生能源电价附加、国家重大水利工程建设基金、大中型水库移民后期扶持基金、农网还贷资金等4项针对电量征收的政府性基金。其他分布式电源系统备用容量费、基金和附加执行国家有关政策。

第八条　公司在并网申请受理、项目备案、接入系统方案制订、设计审查、电能表安装、合同和协议签署、并网验收与调试、补助电量计量和补助资金结算服务中，不收取任何服务费用。

2. 管理职责

第九条　总部营销部负责贯彻落实国家新能源发展相关政策规定，负责制定分布式电源并网服务管理规则，对分布式电源并网服务工作开展情况进行统计、分析、监督、检查，协调解决分布式电源并网服务过程中存在的矛盾和问题。

总部发展部负责分布式电源接入管理，负责制定接入系统技术标准和规则，对分布式电源接入系统方案编审工作开展情况进行监督、检查；总部运检部负责制定分布式电源电网设备建设、试验、运维、检修相关标准并对落实情况进行监督、检查；国调中心负责制定分布式电源并网调度运行管理相关规定，并对落实情况进行监督、检查。总部财务部负责制定分布式电源电价管理相关规定，并对可再生能源补助资金结算情况进行监督、检查。总部交易中心负责制定分布式电源上网交易管理规定。总部其他相关部门履行公司规定的专业管理职责。

第十条　省公司营销部负责细化本单位分布式电源并网服务管理要求，制定分布式电源并网服务实施细则及考核办法，负责本单位分布式电源并网及运营管理工作。

省公司发展部、财务部、运检部、调控中心、交易中心负责细化本专业分布式电源管理要求并对落实情况进行监督、检查。省公司其他相关部门履行公司规定的专业管理职责。

第十一条　地市/区县公司营销部（客户服务中心）负责分布式电源并网服务归口管理；负责受理辖区内分布式电源并网申请、组织开展现场勘查、组织审查380（220）伏接入系统方案、答复接入系统方案、答复35千伏及10千伏接入电网意见函、组织审查项目设计文件、安装电能表、组织380（220）伏接入项目并网验收与调试、安排380（220）伏接入项目并网运行、组织合同会签等。

地市/区县公司发展部门负责组织35千伏、10千伏接入系统方案审查，出具接入电网意见函，参与380（220）伏接入系统方案审查，参与设计文件审查工作。地市/区县公司运检部门负责组织实施分布式电源接入引起的公共电网改造工程，参与现场勘查、接入系统方案和设计文件审查、并网验收与调试工作。地市/区县公司调控部门负责签订35千伏、10千伏接入项目并网调度协议；负责组织35千伏、10千伏接入项目并网验收与调试；参与接入系统方案和设计文件审查、380（220）伏接入项目并网验收调试工作。地市公司经研所负责制定接入系统方案，参与现场勘查、接入系统方案评审。地市公司其他相关部门履行公司规定的专业管理职责。

3. 受理申请与现场勘查

第十二条　地市/区县公司营销部（客户服务中心）负责受理分布式电源业主（或电力用户）并网申请。各级供电公司应提供营业厅等多种并网申请渠道，并做好95598热线电话和95598智能互动服务网站受理业务的支撑。

第十三条　地市/区县公司营销部（客户服务中心）受理客户并网申请时，应主动提供并网咨询服务，履行“一次告知”义务，接受、查验并网申请资料，协助客户填写并网申请表（见附件6），并于受理当日录入营销业务应用系统。

地市公司营销部（客户服务中心）负责将相关申请资料存档，并送地市公司发展部。地市公司发展部通知地市公司经研所（直辖市公司为经研院，下同）制订接入系统方案。工作时限：2个工作日。

第十四条　地市/区县公司营销部（客户服务中心）负责组织地市公司发展部、运检部（检修公司）、调控中心、经研所等部门（单位）开展现场勘查，并填写现场勘查工作单。工作时限：2个工作日。

4. 接入系统方案制定与审查

第十五 条地市公司经研所负责按照国家、行业、企业相关技术标准及规定，参考《分布式电源接入系统典型设计》制定接入系统方案。工作时限：第一类30个工作日（其中分布式光伏发电单点并网项目10个工作日，多点并网项目20个工作日）；第二类50个工作日。

第十六条　对于自然人利用自有住宅及其住宅区域内建设的380/220伏分布式光伏发电项目，各单位可根据本地实际情况编制典型接入系统方案模板。地市/区县公司营销部（客户服务中心）在组织现场勘查时，根据典型接入系统方案模板，与客户确定接入系统方案，并抄送发展、运检等部门备案。

第十七条　地市公司营销部（客户服务中心）负责组织相关部门审定380/220伏分布式电源接入系统方案，并出具评审意见。工作时限：5个工作日。

第十八条　地市公司发展部负责组织相关部门审定35千伏、10千伏接入项目（对于多点并网项目，按并网点最高电压等级确定）接入系统方案，出具评审意见、接入电网意见函并转至地市公司营销部（客户服务中心）。工作时限：5个工作日。

第十九条　地市/区县公司营销部（客户服务中心）负责将接入系统方案确认单，35千伏、10千伏项目接入电网意见函告知项目业主。工作时限：3个工作日。

第二十条　对于380/220伏接入项目，在项目业主确认接入系统方案后，地市公司营销部（客户服务中心）负责将接入系统方案确认单及时抄送地市公司发展部、财务部、运检部（检修公司）。项目业主根据确认的接入系统方案开展项目核准（或备案）和工程建设等工作。

第二十一条　对于35千伏、10千伏接入项目，在项目业主确认接入系统方案后，地市公司发展部负责将接入系统方案确认单、接入电网意见函，及时抄送地市公司财务部、运检部（检修公司）、营销部（客户服务中心）、调控中心、信通公司，并报省公司发展部备案。项目业主根据接入电网意见函开展项目核准（或备案）和工程设计等工作。

第二十二条　公司为自然人分布式光伏发电项目提供项目备案服务。对于自然人利用自有住宅及其住宅区域内建设的分布式光伏发电项目，地市公司发展部收到项目接入系统方案确认单后，根据当地能源主管部门项目备案管理办法，按月集中代自然人项目业主向当地能源主管部门进行项目备案，备案文件抄送地市公司财务部、营销部（客户服务中心）。

5. 客户工程设计与建设

第二十三条 项目业主自行委托具备资质的设计单位，按照答复的接入系统方案开展工程设计。

第二十四条 地市/区县公司营销部（客户服务中心）负责受理项目业主设计审查申请，接受并查验客户提交的设计文件（附件9），审查合格后方可正式受理。

第二十五条 在受理客户设计审查申请后，地市公司营销部（客户服务中心）负责组织地市公司发展部、运检部（检修公司）、调控中心等部门（单位），依照国家、行业标准以及批复的接入系统方案对设计文件进行审查，并出具审查意见告知项目业主，项目业主根据答复意见开展接入系统工程建设等后续工作。工作时限：10个工作日

第二十六条 因客户自身原因需要变更设计的，应将变更后的设计文件提交供电公司，审查通过后方可实施。

第二十七条 由用户出资建设的分布式电源及其接入系统工程，其设计单位、施工单位及设备材料供应单位由用户自主选择。承揽接入工程的施工单位应具备政府主管部门颁发的承装（修、试）电力设施许可证、建筑业企业资质证书、安全生产许可证。设备选型应符合国家与行业安全、节能、环保要求和标准。

6. 电网配套工程建设

第二十八条 地市（县）公司负责分布式电源接入引起的公共电网改造工程，包括随公共电网线路架设的通信光缆及相应公共电网变电站通信设备改造等建设。其中，对于纳入公司年度综合计划的公共电网改造工程，执行公司现行项目管理规定；对于未纳入的，由地市公司运检部（检修公司）在项目业主确认接入系统方案后，组织地市公司经研所完成公共电网改造工程项目建议书，提出投资计划建议并送地市公司发展部，地市公司发展部安排投资计划并报省公司发展部、财务部备案。工作时限：20个工作日。

第二十九条 在收到地市公司项目建议书和投资计划备案后，省公司发展部会同财务部完成ERP建项。工作时限：5个工作日。

第三十条 在省公司完成ERP建项后，地市公司运检部（检修公司）按照公司工程建设管理程序先行组织工程实施，以满足分布式电源接入电网需求。

7. 并网验收与调试

第三十一条 地市/区县公司营销部（客户服务中心）负责受理项目业主并网验收与调试申请，协助项目业主填写申请表，接收、审验、存档相关材料，并报地市公司运检部（检修公司）、调控中心。工作时限：2个工作日。

第三十二条 地市公司营销部（客户服务中心）负责按照公司统一格式合同文本办理发用电合同签订工作。其中，对于发电项目业主与电力用户为同一法人的，与项目业主（即电力用户）签订发用电合同；对于发电项目业主与电力用户为不同法人的，与电力用户、项目业主签订三方发用电合同。地市公司调控中心负责起草、签订35千伏及10千伏接入项目调度协议。合同提交地市公司财务、法律等相关部门会签。其中，自发自用余电上网的分布式电源发用电合同签订后报省公司交易中心备案。工作时限：8个工作日。

第三十三条 地市/区县公司营销部（客户服务中心）负责电能计量表计的安装工

作。分布式电源的发电出口以及与公用电网的连接点均应安装具有电能信息采集功能的计量表，实现对分布式电源的发电量和电力用户上、下网电量的准确计量。分布式电源并网运行信息采集及传输应满足《电力二次系统安全防护规定》等相关制度标准要求。工作时限：8个工作日。

第三十四条　电能计量表安装完成、合同与协议签订完毕后，地市/区县公司负责组织分布式电源并网验收、调试工作。其中：35千伏、10千伏接入项目，地市公司调控中心负责组织相关部门开展项目并网验收工作，出具并网验收意见，并开展并网调试有关工作，调试通过后直接转入并网运行；380（220）伏接入项目，地市/区县公司营销部（客户服务中心）负责组织相关部门开展项目并网验收及调试，出具并网验收意见，验收调试通过后直接转入并网运行。若验收调试不合格，提出整改方案。工作时限：10个工作日。

8. 检查与考核

第三十五条　建立分布式电源并网服务常态稽查机制。各级营销部门要全过程督办分布式电源并网各环节工作进度，对各相关部门（单位）业务环节完成时限进行考核。

第三十六条　国网客服中心应建立分布式电源并网服务关键环节过程回访机制，开展业主回访和满意度调查，定期提出改进分布式电源并网服务工作的建议。回访率应达到100%。

第三十七条　建立健全分布式电源并网服务责任追究制度，对分布式电源并网服务工作过程中造成重大社会影响的事件，应严格追究责任。

9. 附则

第三十八条　各省（自治区、直辖市）电力公司根据本规则编制分布式电源并网服务实施细则和作业指导书，并参照本规则制定具体考核办法。

第三十九条　本规则由国家电网公司营销部负责解释并监督执行。

第四十条　本规则自发布之日起施行。本规则施行前已经受理的分布式电源项目，可继续执行原《国家电网公司分布式电源并网服务管理规范》（国家电网营销〔2013〕436号）有关规定。

二、分布式光伏客户全业务办理关键环节

分布式光伏客户办理分布式光伏并网业务，需要重点把控三个环节：项目备案、并网申请及建设并网流程、电费结算。

（一）项目备案

目前投资建设分布式光伏电站，一半左右收益来自国家财政补贴，由电网公司代为支付，政府部门出具的项目备案文件是获取补贴的最重要依据。因此，分布式光伏发电项目能否备案，直接关系到分布式光伏客户的投资收益。以山西省为例，山西省发展改革委对分布式光伏发电项目备案做出以下规定。

（1）法人单位申报的屋顶分布式光伏发电项目及全部自发自用的地面式光伏发电项目由市（扩权强县试点县、省级转型综改县试点县）发展改革委进行备案。

（2）自然人利用自有合法住宅屋顶建设的分布式光伏发电项目由当地电网企业代为登记，按电网公司工作流程，在7个工作日内完成，电网企业按月统一报市（扩权强县试点县、省级转型综改县试点县）发展改革委进行备案。

此外，各地能监办也要求分布式光伏并网客户持发用电合同在能监办同步备案。其备案规定与发展改革委备案要求基本一致。

（二）申请及建设并网流程

分布式光伏客户的并网申请及建设并网流程如下。

（1）客户持用电主体资格证明向供电公司提出分布式光伏并网申请。

（2）供电公司派相关人员现场勘查，确定接入系统方案并且书面答复客户。

（3）客户委托具有资质的设计、施工单位开展接入系统工程设计、施工。

（4）客户施工完毕报验合格后，供电公司组织并网。

以上流程可与项目备案同时进行，原则上并网前客户应当取得项目备案，这样便于同步结算上网电费及补贴电费。

（三）电费结算

电费结算规定如下。

（1）供电公司按照抄表核算周期（通常为一个月），完成分布式光伏客户发电量、上网电量抄录，核算后，打印电费通知单，通知客户领取。

（2）客户领取电费通知单后，根据通知单内所记录的电量、电价信息开具发票。

自然人客户由供电企业代开发票，月售电收入3万元以内实行免税；

企业客户按照税务部门核准的税率开票，自行申报缴纳税款。

（3）供电公司收到客户提供的电费发票后，按照发票金额支付客户电费。

企业客户售电费采用银行转账方式转入客户账户，自然人客户售电费转入客户预留的银行卡内。

第二节　技术导则

一、分布式光伏电站接入电网技术原则

为规范光伏电站接入电网，明确光伏电站应具备的并网特性，保障光伏电站接入电网后电力系统的安全、可靠运行，制定了以下标准。

（一）有功功率

1. 基本要求

光伏电站应具备参与电力系统调频和调峰的能力，并符合DL/T 1040—2007的相关规定。

光伏电站应配置有功功率控制系统，具备有功功率连续平滑调节的能力，并能够参与系统有功功率控制。

光伏电站有功功率控制系统应能够接收并自动执行电力系统调度机构下达的有功功率及有功功率变化的控制指令。

2. 正常运行情况下有功功率变化

在光伏电站并网、正常停机以及太阳能辐照度增长过程中，光伏电站有功功率变化速率应满足电力系统安全稳定运行的要求，其限值应根据所接入电力系统的频率调节特性，由电力系统调度机构确定。

光伏电站有功功率变化速率应不超过10%装机容量每分钟，具体数值应由电力系统调度机构根据当地电网情况核对给出，允许出现因太阳能辐照度降低而引起的光伏电站有功功率变化速率超出限值的情况。

3. 紧急控制

在电力系统发生事故时或紧急情况下，光伏电站应按下列要求运行：

（1）电力系统发生事故时或在特殊运行方式下，按照电力系统调度机构的要求降低光伏电站有功功率；

（2）当电力系统频率在50.2～50.5 Hz时，光伏电站应能至少运行2 min，并按照电力系统调度机构指令降低光伏电站有功功率或执行高周切机策略，严重情况下切除整个光伏电站，且不允许处于停运状态的光伏电站并网；

（3）当电力系统频率大于50.5 Hz时，光伏电站应立刻终止向电网送电，且不允许处于停运状态的光伏电站并网；

（4）若光伏电站的运行危及电力系统安全稳定，电力系统调度机构按相关规定暂时将该光伏电站切除。

事故处理完毕，电力系统恢复正常运行状态后，光伏电站应按调度指令并网运行。

（二）功率预测

1. 基本要求

光伏电站应配置发电功率预测系统，系统具有0～72 h短期光伏发电功率预测以及15 min～4 h超短期光伏发电功率预测功能。

2. 预测曲线上报

光伏电站应每15 min自动向电力系统调度机构滚动上报未来15 min～4 h的光伏电站发电功率预测曲线，预测值的时间分辨率为15 min。

光伏电站每天按照电力系统调度机构规定的时间应上报次日0～24 h光伏电站发电

功率预测曲线，必要时按照电力系统调度机构要求，上报0～72 h光伏电站发电功率预测曲线，预测值的时间分辨率为15min。

3. 预测精度

光伏电站发电功率预测精度应满足GB/T 19964—2024要求。

（三）无功配置

1. 无功电源

光伏电站的无功电源包括并网逆变器及光伏电站中的集中无功补偿装置。

光伏电站应有多种无功控制模式，包括电压控制、功率因数控制和无功功率控制等，具备根据运行需要在线切换模式的能力。

光伏电站要充分利用发电单元并网逆变器的无功容量及调节能力；当并网逆变器的无功容量不能满足系统电压调节需要时，应在光伏电站集中加装无功补偿装置，必要时加装动态无功补偿装置。

2. 无功容量配置

光伏电站的无功容量应按照分（电压）层和分（供电）区基本平衡的原则进行配置，并满足检修备用要求。

对于直接接入公共电网的光伏电站，无功容量配置应满足下列要求：

（1）容性无功容量能够补偿光伏电站满发时站内汇集线路及箱式变、主变压器的感性无功功率及光伏电站送出线路的一半感性无功功率之和；

（2）感性无功容量能够补偿光伏电站自身的容性充电无功功率及光伏电站送出线路的一半充电无功功率之和。

对于通过110 kV光伏发电汇集系统升压至330 kV电压等级或者通过220 kV（或330 kV）光伏发电汇集系统升压至500 kV（或750 kV）电压等级接入电网的光伏电站群中的光伏电站，无功容量配置应满足下列要求：

（1）容性无功容量能够补偿光伏电站满发时汇集线路及箱式变、主变压器的感性无功功率及光伏电站送出线路的全部感性无功功率之和；

（2）感性无功容量能够补偿光伏电站自身的容性充电无功功率及光伏电站送出线路的全部充电无功功率之和。

光伏电站配置的无功装置类型及其容量范围应结合光伏电站实际接入情况，通过光伏电站接入电网无功电压专题研究来确定。

（四）电压控制

1. 基本要求

光伏电站应配置无功电压控制系统，具备无功功率调节及电压控制能力，能在并网点电压范围0.9～1.1 pu（per unit，标幺值）内正常运行。根据电力系统调度机构指令，光伏电站自动调节其发出（或吸收）的无功功率，实现对并网点电压的控制。光伏电站无功电压控制系统响应时间和控制精度应满足电力系统电压调节的要求，符合GB/T 29321—2012。

2. 控制目标

当公共电网电压处于正常范围内时，接入35 kV及以上、220 kV（或330 kV）及以下电压等级公共电网的光伏电站，应能够控制其并网点电压在标称电压的97%～107%范围内。

当公共电网电压处于正常范围内时，接入500 kV（或750 kV）电压等级变电站220 kV（或330 kV）母线侧的光伏电站，光伏电站应能够控制其并网点电压在标称电压的100%～110%范围内。

3. 主变压器选择

光伏电站的变电站主变压器应采用有载调压变压器，其分接头选择、调压范围及每档调压值，应满足光伏电站母线电压质量的要求。

（五）故障穿越

光伏电站故障穿越的基本要求为应具备低电压穿越能力和高电压穿越能力。

其中低电压穿越的内容如下。

（1）光伏电站并网点电压跌至0时，光伏电站应能不脱网连续运行0.15 s；

（2）光伏电站并网点电压跌至0.9以下时，光伏电站可以从电网切出。

电力系统发生不同类型故障时，若光伏电站并网点考核电压全部在0.2～0.9电压轮廓线及以上的区域内，光伏电站应保证不脱网连续运行；否则，允许光伏电站切出。针对不同故障类型的考核电压如表3-1所示。

表3-1　光伏电站低电压穿越考核电压

故障类型	考核电压
三相短路故障	并网点线电压
两相短路故障	并网点线电压
单相接地短路故障	并网点相电压

对电力系统故障期间没有脱网的光伏电站，其有功功率在故障清除后应快速恢复，自故障清除时刻开始，以至少30%额定功率每秒的功率变化率恢复至故障前的值。

对于通过220 kV（或330 kV）光伏发电汇集系统升压至500 kV（或750 kV）电压等级接入电网的光伏电站群中的光伏电站，当电力系统发生短路故障引起电压跌落时，其注入电网的动态无功电流应满足以下要求：

（1）自并网点电压跌落的时刻起，光伏电站动态无功电流响应时间不大于60 ms，最大超调量不大于目标值的20%，光伏电站动态无功电流调节时间不大于150 ms，无功电流注入持续时间应不少于该低电压持续的时间；

（2）自动态无功电流响应起直到电压恢复至0.9 pu期间，光伏电站注入电力系统的无功电流I_T应实时跟踪并网点电压变化。

（六）运行适应性

1. 电压范围

当并网点电压在标称电压的90%～110%之间时，光伏电站应能正常运行；当并网点电压低于标称电压的90%或者超过标称电压的110%时，光伏电站应能按照相关标准规定的低电压和高电压穿越的要求运行。

2. 电能质量范围

当光伏电站并网点的谐波值满足GB/T 14549—1993、三相电压不平衡度满足GB/T 15543—2008、间谐波值满足GB/T 24337—2009的规定时，光伏电站应能正常运行。

3. 频率范围

光伏电站应按照表3-2所示电力系统频率范围内的运行要求运行。

表3-2　光伏电站在不同电力系统频率范围内的运行要求

频率范围	运行要求
f<48 Hz	由光伏发电站逆变器允许运行的最低频率而定
48 Hz≤f<49.5 Hz	频率每次低于49.5 Hz，光伏发电站应能至少运行10 min
49.5 Hz≤f<50.2 Hz	正常连续运行
50.2 Hz≤f	应符合规范要求

对于特高压直流配套光伏电站以及与其接入同一汇集站的光伏电站，其频率适应性要求应结合光伏电站实际接入情况分析确定。

（七）电能质量

1. 电压偏差

光伏电站接入后，引起公共连接点的电压偏差应满足GB/T 12325—2008的要求。闪变光伏电站接入后，引起公共连接点的电压波动和闪变值应满足GB/T 12326—2008的要求，其中风电场引起的长时间闪变值的限值应按照风电场装机容量与公共连接点上的发/供电设备总容量之比进行分配。

2. 谐波

光伏电站所接入公共连接点的谐波注入电流应满足GB/T 14549—1993的要求，其中光伏电站并网点向电力系统注入的谐波电流允许值应按照光伏电站装机容量与公共连接点上具有谐波源的发/供电设备总容量之比进行分配。其中海上风电场向电网注入的谐波电流允许值应按照海上风电场装机容量与公共连接点的发/供电设备总容量之比进行分配。

光伏电站接入后，引起公共连接点的间谐波应满足GB/T 24337—2009的要求，引起公共连接点的电压不平衡度应满足GB/T 15543—2008的要求。光伏电站接入电网后的电压偏差、闪变值及谐波注入电流应结合光伏电站实际接入情况，通过光伏电站接入电网电能质量专题研究来评估。

光伏电站应配置电能质量实时监测设备，所装设的电能质量监测设备应满足GB/T 19862—2016的要求。当光伏电站电能质量指标不满足要求时，光伏电站应安装电能质量治理设备。

（八）二次系统

1. 基本要求

光伏电站的二次系统应符合电力二次系统技术规范、电力二次系统安全防护要求及相关设计规程。

光伏电站与电力系统调度机构之间的通信方式、传输通道和信息传输由电力系统调度机构做出规定，包括提供遥测信息、遥信信号、遥控命令、遥调命令以及其他安全自动装置的信号，提供信号的方式和实时性要求等。

光伏电站二次系统安全防护应满足2024年6月1日起施行的中华人民共和国国家发展和改革委员会令（第14号）《供电营业规则》的有关要求。

2. 继电保护及安全自动装置

光伏电站继电保护、安全自动装置以及二次回路应满足电力系统有关标准、规定和反事故措施的要求。

对光伏电站送出线路，220 kV及以上电压等级应按照GB/T 14285—2023配置线路保护，110 kV及以下电压等级宜配置纵联电流差动保护。

光伏电站应具备快速切除站内汇集系统单相故障的保护措施。

装机容量40 MW及以上的光伏电站应配备故障录波设备，低于40 MW的光伏电站是否配置故障录波设备视接入电网情况而定，该设备应具有足够的记录通道并能够记录故障前10 s到故障后60 s的情况，并配备至电力系统调度机构的数据传输通道。

（九）并网检测

1. 基本要求

光伏电站应向电力系统调度机构提供光伏电站接入电力系统检测报告；当光伏电站扩容后，应重新提交检测报告。

光伏电站在申请接入电力系统检测前应向电力系统调度机构提供光伏部件及光伏电站的模型、参数、特性和控制系统特性等资料。

光伏电站接入电力系统检测应由具备相应资质的机构进行，并在检测前30日将检测方案报所接入地区的电力系统调度机构备案。

光伏电站应在全部光伏部件并网调试运行后6个月内向电力系统调度机构提供有关光伏电站运行特性的检测报告。

2. 检测与验证内容

检测与验证应包括但不仅限于以下内容：

（1）光伏电站电能质量检测；
（2）光伏电站有功和无功功率控制能力检测；
（3）光伏电站高电压、低电压穿越能力验证；
（4）光伏电站电压、频率适应能力验证。

二、分布式光伏发电系统接入配电网相关技术规定

光伏发电系统接入电网运行应遵循相关原则和技术要求。

以下原则和技术标准适用于通过380 V电压等级接入电网，以及通过10（6）kV电压等级接入用户侧的新建、改建和扩建光伏发电系统。

（一）无功容量和电压调节

（1）光伏发电系统功率因数应在超前0.95～滞后0.95范围内连续可调。

（2）光伏发电系统在其无功输出范围内，应具备根据并网点电压水平调节无功输出，参与电网电压调节的能力，其调节方式和参考电压、电压调差率等参数可由电网调度机构设定。

（二）启动

（1）光伏发电系统启动时应考虑当前电网频率、电压偏差状态，当电网频率、电压偏差超出标准规定的正常运行范围时，光伏发电系统不应启动。

（2）光伏发电系统启动时不应引起电网电能质量超出标准规定范围，同时应确保其输出功率的变化率不超过电网所设定的最大功率变化率。

（三）运行适应性

1. 电压范围

当光伏发电系统并网点电压在90%～110%标称电压之间时，光伏发电系统应能正常运行。

2. 电能质量范围

当光伏发电系统并网点的电压波动和闪变值满足GB/T 12326—2008、谐波值满足GB/T 14549—1993，间谐波值满足GB/T 24337—2009、三相电压不平衡度满足GB/T 15543—2008的要求时，光伏发电系统应能正常运行。

3. 频率范围

当光伏发电系统并网点频率在49.5～50.2 Hz范围之内时，光伏发电系统应能正常运行。

（四）电能质量

1. 基本要求

光伏发电系统的公共连接点应装设满足GB/T 19862—2014要求的电能质量在线监测装置。

光伏发电系统的电能质量监测历史数据应至少保存一年，必要时供电网企业调用。

2. 电压偏差

光伏发电系统接入后，所接入公共连接点的电压偏差应满足GB/T 12325—2008的规定。

3. 电压波动和闪变

光伏发电系统接入后，所接入公共连接点的电压波动和闪变值应满足GB/T 12326—2008的要求。

4. 谐波

光伏发电系统所接入的公共连接点的谐波注入电流应满足GB/T 14549—1993的要求，其中光伏发电系统并网点向电力系统注入的谐波电流允许值按照光伏发电系统安装容量与公共连接点上具有谐波源的发/供电设备总容量之比进行分配。

光伏发电系统接入后，所接入公共连接点的间谐波应满足GB/T 24337—2009的要求。

5. 电压不平衡度

光伏发电系统接入后，所接入公共连接点的电压不平衡度应满足GB/T 15543—2008的要求。

6. 直流分量

光伏发电系统向公共连接点注入的直流电流分量不应超过其交流额定值的0.5%。

（五）安全与保护

1. 基本要求

光伏发电系统的保护应符合可靠性、选择性、灵敏性和速动性的要求，并符合相关标准和规定。光伏发电系统应在逆变器输出汇总点设置易于操作、可闭锁，且具有明显断开点的开关设备，以确保电力设施检修维护人员的人身安全。

2. 低/高电压保护

当光伏发电系统并网点电压超出表3-3规定的电压范围时，应在相应的时间内停止向电网线路送电。此要求适用于多相系统中的任何一相。

表 3-3　保护动作时间要求

并网点电压	要求
$U<50\%U_N$	最大分闸时间不超过 2.0 s
$50\%U_N\leqslant U<85\%U_N$	最大分闸时间不超过 2.0 s
$85\%U_N\leqslant U<110\%U_N$	连续运行
$110\%U_N\leqslant U<135\%U_N$	最大分闸时间不超过 2.0 s
$135\%U_N\leqslant U$	最大分闸时间不超过 2.0 s

注：① U_N为并网点电网额定电压。
② 最大分闸时间是指异常状态发生到电源停止向电网送电时间。

3. 频率保护

当光伏发电系统并网点频率超出 47.5～50.2 Hz 范围时，应在 0.2 s 内停止向电网线路送电。

4. 防孤岛保护

光伏发电系统应具备快速监测孤岛且立即断开与电网连接的能力。防孤岛保护动作时间不大于 2 s，且防孤岛保护还应与电网侧线路保护相配合。

5. 逆功率保护

当光伏发电系统设计为不可逆并网方式时，应配置逆向功率保护设备。当检测到逆向电流超过额定输出的 5%时，光伏发电系统应在 2 s 内自动降低出力或停止向电网线路送电。

6. 恢复并网

电网发生扰动后，在电网电压和频率恢复正常范围之前不允许光伏发电系统并网，且在电网电压和频率恢复正常后，光伏发电系统需要经过一个可调的延时时间后才能重新并网，延时时间可设置为 20s～5min，由当地电网调度机构设定。

（六）通用技术要求

1. 接地

光伏发电系统并网点设备应按照 GB/T 16895.32—2021 的要求接地/接保护线。电磁兼容光伏发电系统应具有适当的抗电磁干扰的能力，应保证信号传输不受电磁干扰，执行部件不发生误动作。同时，设备本身产生的电磁干扰不应超过相关设备标准。

2. 耐压要求

光伏发电系统的设备必须满足相应电压等级的电气设备耐压标准。通过 380 V 电压等级并网的光伏发电系统，连接其和电网的专用低压开关柜应有醒目标识。标识应标明“警告”“双电源”等提示性文字和符号。标识的形状、颜色、尺寸和高度遵照 GB 2894—2008 执行。

（七）电能计量

（1）光伏发电系统接入电网前，应明确上网电量和用网电量计量点。光伏发电系统电能计量点应设在光伏发电系统与电网的产权分界处，产权分界处按国家有关规定确定。产权分界处不适宜安装电能计量装置，关口计量点由光伏发电系统业主与电网企业协商确定。

（2）每个计量点均应装设电能计量装置，其设备配置和技术要求应符合DL/T 448—2016及相关标准、规程要求。

（3）电能表采用静止式多功能电能表，其技术性能应符合GB/T 17215.321—2021和DL/T 614—2007的要求。电能表至少应具备双向有功和四象限无功计量功能、事件记录功能，配有标准通信接口，具备本地通信和通过电能信息采集终端远程通信的功能，电能表通信协议符合DL/T 645—2007。

（4）通过10（6）kV电压等级并网的光伏发电系统，同一计量点应安装同型号、同规格、准确度相同的主、副电能表各一套。主、副表应有明确标志。

（5）电能计量装置由光伏发电系统产权归属方负责在并网前按要求安装完毕，并结合电能信息采集终端与主站系统进行信道、协议和系统调试；由经双方认可，具有相应资质的电能计量检测机构对电能计量装置完成相关检测，出具完整检测报告，施加封条、封印或其他封固措施；电能计量装置投运前，应由电网企业和光伏发电系统产权归属方共同完成竣工验收。

（八）通信与信号

1. 基本要求

通过10(6)kV电压等级并网的光伏发电系统，应具备与电网调度机构之间进行数据通信的能力。并网双方的通信系统应以满足电网安全经济运行对电力通信业务的要求为前提，满足继电保护、安全自动装置，调度自动化及调度电话等业务对电力通信的要求。

光伏发电系统与电网调度机构之间通信方式和信息传输由双方协商一致后做出规定，包括互相提供的信号种类、提供信号的方式和实时性要求等。

2. 正常运行信号

通过10（6）kV电压等级并网的光伏发电系统，在正常运行情况下，向电网调度机构提供的信号至少应包括：

（1）光伏发电系统并网状态；

（2）光伏发电系统有功和无功输出、发电量、功率因数；

（3）并网点的电压和频率、注入电力系统的电流；

（4）变压器分接头挡位、主断路器开关状态等。

（九）并网检测

1. 基本要求

光伏发电系统应当在并网运行后6个月内向电网企业提供有关光伏发电系统运行特

征的检测报告。

光伏发电系统接入电网的检测点为光伏发电系统并网点，应由具备相应资质的单位或部门进行检测，并在检测前将检测方案报所接入电网企业备案。

2. 检测内容

检测应按照国家或有关行业对光伏发电系统并网运行制定的相关标准或规定进行，应包括但不仅限于以下内容：

（1）无功容量和电压调节能力检测；

（2）电能质量检测；

（3）通用技术条件检测；

（4）并网运行适应性检测；

（5）安全与保护功能检测。

习　　题

客观题

1.（单选题）公司在受理并网验收及并网调试申请后，（　　）个工作日内完成关口计量和发电量计量装置安装服务，并与380 V接入的项目业主（或电力用户）签署关于购售电、供用电和调度方面的合同；与35 kV、10 kV接入的项目业主（或电力用户）同步签署购售电合同和并网调度协议。

A. 3　　B. 5　　C. 7　　D. 0

2.（单选题）分布式光伏发电、（　　）项目不收取系统备用费；分布式光伏发电系统自用电量不收取随电价征收的各类基金和附加。其他分布式电源系统备用费、基金和附加执行国家有关政策。

A. 分布式风电　　B. 分布式天然气

C. 分布式资源综合利用　　D. 以上都不是

3.（多选题）在《国务院关于促进光伏产业健康发展的若干意见》（国发〔2013〕24号文）中，关于支持政策的内容包括（　　）。

A. 支持用户侧光伏应用　　B. 完善电价和补贴政策

C. 改进补贴资金管理　　D. 深化管控并网建设

4.（多选题）在《国家发展改革委关于2020年光伏发电上网电价政策有关事项的通知》（发改价格〔2020〕511号）中对集中式光伏发电继续制定指导价中，对纳入国家财政补贴范围的I～III类资源区新增集中式光伏电站指导价，确定为（　　）元每千瓦时。

A. 0.35　　B. 0.4

C. 0.49　　D. 0.55

5.（判断题）第一类分布式光伏发电项目30个工作日内完成（单点并网10个工作日，多点并网15个工作日）。（　　）

A. 是　　B. 否

6.（判断题）其他类型的380/220 V并网分布式光伏发电项目，由地市 / 区县供电公司营销部（客户服务中心）组织相关部门完成审定后，出具评审意见。工作时限为5个工作日。（　　）

A. 是　　B. 否

7.（填空题）分布式电源继电保护和安全自动装置配置应符合相关继电保护技术规程、运行规程和反事故措施的规定，装置定值应与电网继电保护和（　　）配合整定，防止发生继电保护和安全自动装置误动、拒动，确保人身、设备和电网安全。

8.（填空题）关于380 V接入项目，以35 kV、10 kV接入的分布式电源，项目业主在项目核准（或备案）后、在接入系统工程施工前，将接入系统工程设计相关资料提交客户服务中心，客户服务中心收到资料后（　　）个工作日内出具答复意见并告知项目业主。

简答题

1. 什么是“自发自用、余电上网”？

“自发自用、余电上网”是指分布式光伏发电系统所发电力主要由电力用户自己使用，多余电量接入电网，它是分布式光伏发电的一种商业模式，对于这种运行模式光伏并网点设在用户电能表的负载侧，需要增加一块光伏反送电量的计量电能表或者将电网用电电能表设置成双向计量，用户自己直接用掉的光伏电量，以节省电费的方式直接享受电网的销售电价，反送电量单独计量并以规定的上网电价进行结算。

2. 什么是“单位电量定额补贴”政策？

单位电量定额补贴政策简称度电补贴政策，就是按光伏发电系统所发出的电量进行补贴，主要适用于分布式光伏发电系统，分布式光伏发电采用度电补贴政策特点是“自发自用、余电上网”，即自发自用的光伏电量不做交易，国家按照自用电量给予补贴，富余上网电量除了电网企业支付的脱硫煤火电机组标杆上网电价外也享受国家的度电补贴。

3. 分布式光伏发电相关政策应该咨询哪些部门？

分布式光伏发电相关政策应当咨询地市级/县级主管部门，国务院能源主管部门鼓励地市级/县级能源主管部门结合当地实际，建立将并网接入申请、并网调试和验收、电费和补贴发放与结算等相结合的分布式光伏发电项目备案、竣工验收等一站式服务体系，简化办理流程，提高管理效率。

4. “自发自用”电量和“余电上网”电量的补贴方式相同吗？

目前国家政策对分布式光伏发电采取单位电量定额补贴的方式，即对光伏发电系统的全部发电量都进行补贴，所以无论是“自发自用”电量还是“余电上网”电量均按同一标准补贴。

5. 不同领域的分布式光伏发电补贴是否相同?

鼓励各类电力用户、投资企业、专业化合同能源管理服务公司以及个人等作为项目单位投资建设和经营分布式光伏发电项目，对于分布式光伏发电，目前采用对所有分布式光伏电量给予定额补贴，因此光伏度电收益直接受户用电价水平的影响，工商业用电电价在0.8～1.4元每度，大工业用电电价在0.6～0.8元每度，公共事业单位用电电价在0.5～0.6元每度，政府、学校、医院、事业单位、农业和居民用电则只有0.3～0.5元每度，因此采用度电补贴对于安装在不同建筑或不同电力用户的分布式光伏发电项目的收益是不同的，这需要开发商自己判断和决定项目是否合算。

6. 请简述《国家电网公司关于做好分布式电源并网服务工作的意见（修订版）》适用于哪些类型的分布式电源?

适用于以下两种类型分布式电源（不含小水电）:

第一类：10 kV及以下电压等级接入，且单个并网点总装机容量不超过6兆瓦的分布式电源。

第二类：35 kV电压等级接入，年自发自用电量大于50%的分布式电源；或10千伏电压等级接入且单个并网点总装机容量超过6兆瓦，年自发自用电量大于50%的分布式电源。

7. 请简述《国家电网公司关于做好分布式电源并网服务工作的意见（修订版）》中关于分布式电源的定义?

分布式电源是指在用户所在场地或附近建设安装、运行方式以用户侧“自发自用、余电上网”，且在配电网系统平衡调节为特征的发电设施或有电力输出的能量综合梯级利用多联供设施。分布式电源包括太阳能、天然气、生物质能、风能、地热能、海洋能、资源综合利用发电（含煤矿瓦斯发电）等类型。

【答案】

1. D　　2. A　　3. ABC　　4. ABC　　5. B

6. A　　7. 安全自动装置　　8. 10

第四章

分布式光伏并网接入系统设计

第一节 分布式光伏并网总体技术要求

一、接入原则

分布式光伏并网电压等级可根据装机容量进行初步选择，参考标准如下。

（1）接入220 V：装机容量8 kV及以下。

（2）接入380 V ：装机容量8～400 kV。

（3）接入10 kV：装机容量400～6 000 kV。

最终并网电压等级应根据电网条件，通过技术经济比选论证确定。若高低两级电压均具备接入条件，优先采用低电压等级接入。

接有分布式光伏的10 kV配电台区，不得与其他台区建立低压联络（配电室、箱式变低压母线间联络除外）。

并网点的确定原则：分布式光伏与电力用户在同一场所，发电量全部自用或“自发自用、余电上网”，接入用户侧。分布式光伏与电力用户不在同一场所情况，接入公共电网。

二、接入10 kV配电网的分布式光伏总的并网技术要求

接入10 kV配电网的分布式光伏总的并网技术要求如下。

（1）并网逆变器应符合国家、行业相关技术标准，具备低电压闭锁、检有压自动并网功能（推荐采用低于20%U_N、0.2 s闭锁发电，检有压85%U_N自动并网控制参数）。

（2）配置应符合相关继电保护技术规程、运行规程和反事故措施的规定，装置定值

应与电网继电保护和安全自动装置配合整定，防止发生继电保护和安全自动装置误动、拒动，确保人身、设备和电网安全。

（3）专线方式接入时，专线线路可不设或停用重合闸。

（4）逆变器接入方式下，公共电网线路投入重合闸时，应校核重合闸时间是否与分布式光伏并、离网控制时间配合（重合闸时间宜整定为1 s）。

（5）分布式光伏接入容量超过本台区配变额定容量25%时，配变低压侧刀熔总开关应改造为低压总开关，并在配变低压母线处装设反孤岛装置，且低压总开关应与反孤岛装置间具备操作闭锁功能，母线间有联络时，联络开关也应与反孤岛装置间具备操作闭锁功能。

（6）接入380 V配电网时，宜采用三相逆变器；接入220 V配电网前，应校核同一台区单相接入总容量，防止三相功率不平衡情况发生。

（7）并网点应安装易操作、具有明显开断指示、具备开断故障电流能力的低压并网专用开关。

（8）并网点专用开关应具备失压跳闸及检有压合闸功能，失压跳闸定值宜整定为20% U_N、10 s，检有压定值宜整定为大于85% U_N。

三、分布式光伏并/离网运行应满足的要求

（一）正常情况下的并网和离网

接入10（6）～35 kV电压等级电网的分布式光伏，其并/离网应按照并网调度协议执行。

接入220/380 V电网的分布式光伏，其并/离网应按照《供电营业规则》执行。

（二）配电网故障消除后，分布式光伏的重新并网

接入10（6）～35 kV电压等级电网的分布式光伏，恢复并网应在电网调度机构发出指令后方可执行，应进行记录并通知电网调度机构。

接入220/380 V的分布式光伏，在电网恢复正常运行条件后的20 s后方可并网。

（三）分布式光伏接入对电能质量要求

分布式光伏接入后，其与公共电网连接处（如用户进线开关）的电压偏差、电压波动和闪变、谐波、三相电压不平衡、间谐波等电能质量指标应满足GB/T 12325—2008、GB/T 12326—2008、GB/T 14549—1993、GB/T 15543—2008、GB/T 24337—2009等电能质量国家标准要求。

第二节　400 kW以下小容量分布式光伏发电项目典型设计

为了方便小容量分布式光伏发电项目并网接入，笔者结合供电公司管理职责划分及相关设计规程要求，做出低压380（220）V并网的四种典型设计方案，读者可根据现场情况参考选用。

以下方案主要适用于自然人利用自有产权屋顶及场地资源建设的分布式光伏发电项目，原则上其并网容量不超过400 kW。

一、220 V全部上网

（一）接入系统一次

1. 发电侧及接入侧概述

用户现状及其分布式光伏发电装置概况，包括具体位置、光照条件、拟建规模及预计发电量（根据客户实际情况填写）。

2. 接入系统方案

（1）分布式光伏发电装置规模及电压等级选择。

客户申请光伏并网容量为8 kW及以下时，采用220 V单相并网。

（2）接入方案拟定。

客户的分布式光伏发电项目拟接入台区220 V分支箱处（接入系统方案按照就近接入、就地平衡消纳原则进行设计）。

（3）电气计算。

①潮流计算：光伏发电系统所发电量全部输送到公共电网，由电网消纳。

②有功功率：光伏发电系统10 min有功功率变化最大限值应不超过装机容量，1 min有功功率变化最大限值应不超过20%装机容量。

③无功功率：当光伏发电系统输出有功功率大于其额定功率的50%时，功率因数应小于0.98（超前或滞后）；输出有功功率在其额定功率的20%～50%之间时，功率因数应不小于0.95（超前或滞后）。

④短路电流计算分析：当光伏发电系统并网后，千伏变电站的10 kV侧短路电流在允许范围内。

⑤电能质量分析：逆变器向当地交流负荷提供电能和向电网送出电能的质量，在谐波、电压偏差、电压不平衡、电压波动等方面，满足现行国家标准GB/T 14549—1993《电能质量　公用电网谐波》、GB/T 12325—2008《电能质量　供电电压偏差》、GB/T 15543—2008《电能质量　三相电压不平衡》、GB/T 12326—2008《电能质量　电压波动和闪变》的有关规定。

光伏电站接入电网后，公共连接点的电压偏差应满足GB/T 12325—2008的要求，

220 V单相供电电压偏差为标称电压的+7%、−10%，光伏电站向公共连接点注入的直流电流分量不应超过其交流额定值的0.5%。

（4）主要设备选择。

①送出线路导线截面：此光伏发电系统为单点接入，单点最大出力千瓦数为6 MW。220 V电缆载流量应不小于4 A，并考虑一定裕度。

②断路器型式：并网点应安装易操作、具有明显开断指示、具备开断故障电流能力的低压并网专用断路器。专用断路器应具备电源端与负荷端反接能力。

（5）电气主接线。

根据接入系统方案，220 V全部上网光伏发电项目电气主接线如图4-1所示。

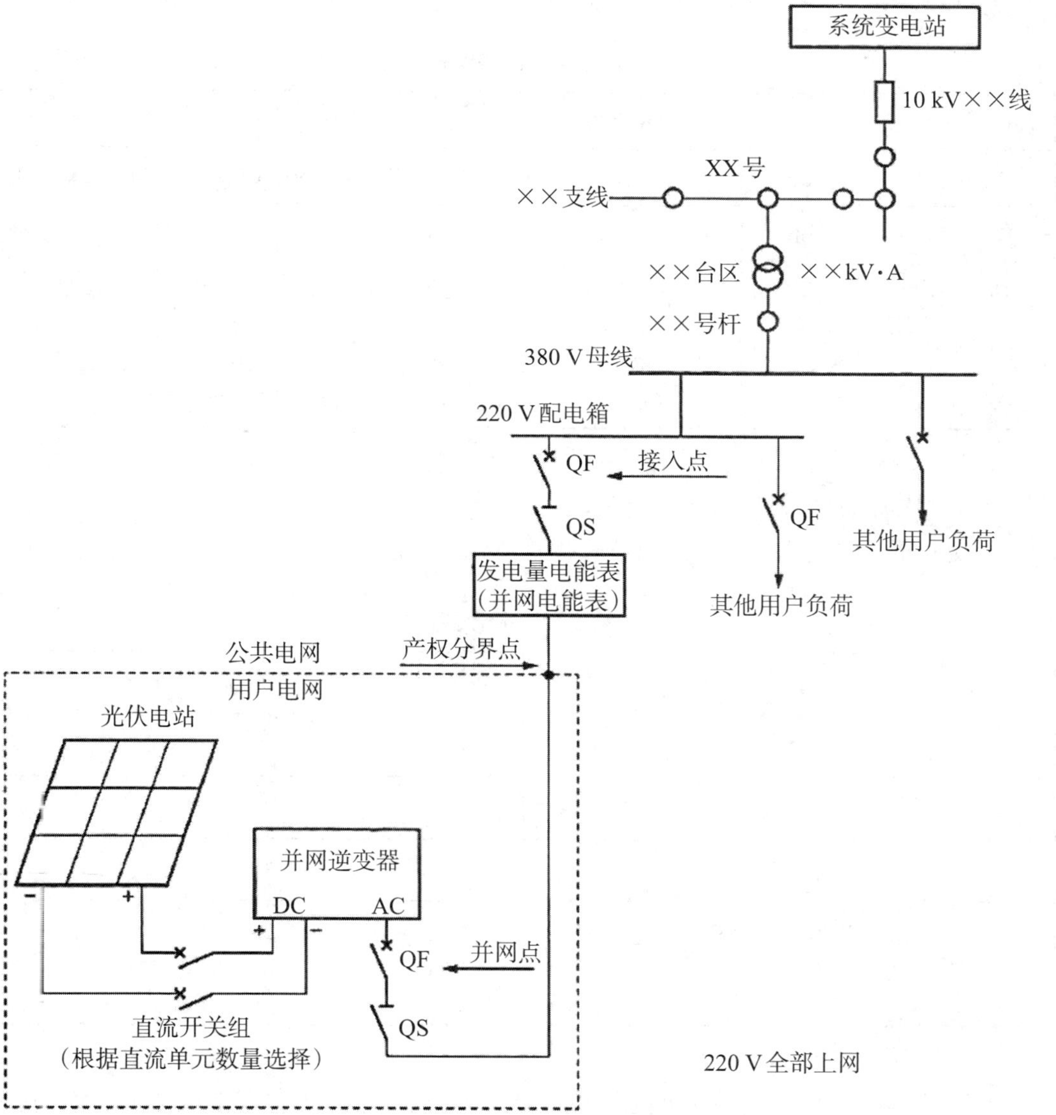

QF—低压断路器；QS—低压隔离开关。

图4-1　220 V全部上网光伏发电项目电气主接线图

①并网点断路器及隔离开关为客户产权设备，接入点断路器及隔离开关为电网产权设备。

②并网逆变器直流输入端直流开关数量及型号由项目施工单位根据实际情况选型配置。

③图4-1虚线框内为客户产权设备，发电量电能表可由供电公司予以配置。

3. 主要设备选型

（1）开关。

开关型号根据实际装机计算进行选型。

以DZ20塑壳式断路器为例，其开关型号选型如表4-1所示。

表4-1　DZ20塑壳式断路器开关型号选型

<table>
<tr><th>型号</th><th>极数</th><th>短路分断能力</th><th>额定电流/A</th></tr>
<tr><td>DZ20C-160</td><td>2P</td><td>C</td><td>16、20、25、32、40、50、63、80、100、125、160</td></tr>
<tr><td>DZ20Y-100</td><td>2P</td><td>Y</td><td rowspan="3">16、20、25、32、40、50、63、80、100</td></tr>
<tr><td>DZ20J-100</td><td>2P</td><td>J</td></tr>
<tr><td>DZ20G-100</td><td>2P</td><td>G</td></tr>
<tr><td>DZ20C-225</td><td>2P</td><td>C</td><td>100、125、160、180、200、225、250</td></tr>
</table>

（2）电缆。

电缆型号根据实际装机计算进行选型。

以交联聚乙烯电缆为例，其型号选型如表4-2所示。

表4-2　交联聚乙烯电缆型号选型

型号	额定电流/A
YJV-0.4/1-2*70	264
YJV-0.4/1-2*95	310
YJV-0.4/1-2*120	351
YJV-0.4/1-2*150	392
YJV-0.4/1-2*185	438

（3）逆变器。

逆变器应符合国家、行业相关技术标准，具备高/低压电压闭锁、检有压自动并网功能。

（二）接入系统二次

1. 保护

（1）过流保护。

光伏电站具备一定的过流能力，在120%额定电流以下，光伏电站连续可靠工作时间应不小于1 min。

（2）防孤岛检测。

本项目应采用具备防孤岛能力的逆变器。逆变器必须具备快速检测孤岛且检测到孤岛后立即断开光伏电站与电网连接的能力。其防孤岛检测装置配置方案应与继电保护配置、安全自动装置配置和低电压穿越等相配合，时间上互相匹配。

（3）其他。

光伏并网点、接入点处低压断路器与隔离开关串联使用，断路器用来切合正常负荷电流、断开短路电流，隔离开关起明显断开点作用。

2. 计量

（1）数量要求。

220 V全部上网可设置一块电能表，同时计量发电量与上网电量。

（2）安装位置。

为便于供电公司抄表检查，应将发电量电能表二次接线适当延长，将电能表引出安装到适当位置。

（3）技术要求。

计费关口点按单表设计，电能表精度要求不低于1.0级。

3. 系统通信

信息传输可通过接入现有集抄系统实现电量信息远传。

（三）补充说明

根据国家电网公司规定，接入用户侧的分布式光伏发电项目，接入系统工程由项目业主投资建设，接入引起的公共电网改造部分由电网企业投资建设。

并网申请的相关报告有效期为6个月，逾期需报××供电公司相关部门重新核准。

二、220 V余电上网

（一）接入系统一次

1. 发电侧及接入侧概述

用户现状及其分布式光伏发电装置概况，包括具体位置、光照条件、拟建规模及预计发电量（根据客户实际情况填写）。

2. 接入系统方案

（1）分布式光伏发电装置规模及电压等级选择。

客户申请光伏并网容量为8 kW及以下时，采用220 V单相并网。

（2）接入方案拟定。

客户的分布式光伏发电项目拟接入台区220 V分支箱处（接入系统方案按照就近接入、就地平衡消纳原则进行设计）。

（3）电气计算。

①潮流计算：光伏发电系统所发电量全部输送到公共电网，由电网消纳。

②有功功率：光伏发电系统10 min有功功率变化最大限值应不超过装机容量，1 min有功功率变化最大限值应不超过20%装机容量。

③无功功率：当光伏发电系统输出有功功率大于其额定功率的50%时，功率因数应小于0.98（超前或滞后）；输出有功功率在其额定功率的20%～50%之间时，功率因数应不小于0.95（超前或滞后）。

④短路电流计算分析：当光伏发电系统并网后，千伏变电站的10 kV侧短路电流在允许范围内。

⑤电能质量分析：逆变器向当地交流负荷提供电能和向电网送出电能的质量，在谐波、电压偏差、电压不平衡、电压波动等方面，满足现行国家标准GB/T 14549—1993《电能质量　公用电网谐波》、GB/T 12325—2008《电能质量　供电电压偏差》、GB/T 15543—2008《电能质量　三相电压不平衡》、GB/T 12326—2008《电能质量　电压波动和闪变》的有关规定。

光伏电站接入电网后，公共连接点的电压偏差应满足GB/T 12325—2008的要求，220 V单相供电电压偏差为标称电压的+7%、−10%，光伏电站向公共连接点注入的直流电流分量不应超过其交流额定值的0.5%。

（4）主要设备选择。

①送出线路导线截面：此光伏发电系统为单点接入，单点最大出力千瓦数为6 MW。220 V电缆载流量应不小于4 A，并考虑一定裕度。

②断路器型式：并网点应安装易操作、具有明显开断指示、具备开断故障电流能力的低压并网专用断路器。专用断路器应具备电源端与负荷端反接能力。

（5）电气主接线。

根据接入系统方案，220 V余电上网光伏发电项目电气主接线如图4-2所示。

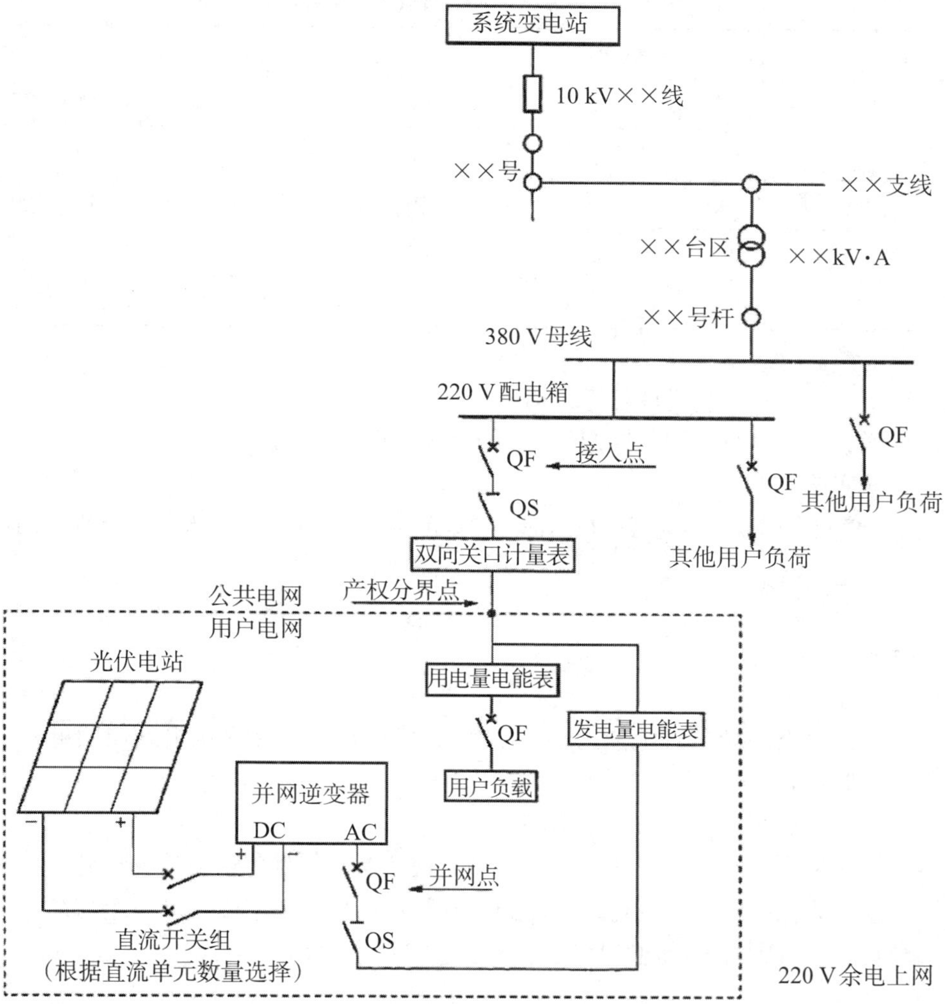

QF—低压断路器；QS—低压隔离开关。

图4-2　220 V余电上网光伏发电项目电气主接线

①并网点断路器及隔离开关为客户产权设备，接入点断路器及隔离开关为电网产权设备。

②并网逆变器直流输入端直流开关数量及型号由项目施工单位根据实际情况选型配置。

③图4-2虚线框内为客户产权设备，发电量电能表可由供电公司予以配置。

④客户用电量=下网电量+(发电量–上网电量)，该处供电企业不作为贸易计量点，图4-2设置了一块用电量电能表，客户有安装需求的话可自行配置。

3. 主要设备选型。

（1）开关。

开关型号根据实际装机计算进行选型。

以DZ20塑壳式断路器为例，其开关型号选型如表4-3所示。

表4-3　DZ20塑壳式断路器开关型号选型

型号	极数	短路分断能力	额定电流/A
DZ20C-160	3P	C	16、20、25、32、40、50、63、80、100、125、160
DZ20Y-100	3P	Y	16、20、25、32、40、50、63、80、100
DZ20J-100	3P、4P	J	
DZ20G-100	3P	G	
DZ20C-225	3P	C	100、125、160、180、200、225、250

（2）电缆。

电缆型号根据实际装机计算进行选型。

以交联聚乙烯电缆为例，其型号选型如表4-2所示。

（3）逆变器。

逆变器应符合国家、行业相关技术标准，具备高/低压电压闭锁、检有压自动并网功能。

（二）接入系统二次

1. 保护

（1）过流保护。

光伏电站具备一定的过流能力，在120%额定电流以下，光伏电站连续可靠工作时间应不小于1 min。

（2）防孤岛检测。

本项目应采用具备防孤岛能力的逆变器。逆变器必须具备快速检测孤岛且检测到孤岛后立即断开光伏电站与电网连接的能力。其防孤岛检测装置配置方案应与继电保护配置、安全自动装置配置和低电压穿越等相配合，时间上互相匹配。

（3）其他。

光伏并网点、接入点处低压断路器与隔离开关串联使用，断路器用来切合正常负荷电流、断开短路电流，隔离刀开关起明显断开点作用。

2. 计量

（1）数量要求。

220 V余电上网模式由供电公司在两个点配备计量装置。

①在发电量汇总处配置多功能电能表，用于计量发电量。

②在产权分界处安装多功能双向电能表，用于计量上、下网电量。

客户可自行在用电负荷总开关处配置电能表，用于计量客户的总用电量。

（2）安装位置。

为便于供电公司抄表检查，应将发电量电能表二次接线适当延长，将电能表引出安装到适当位置。

（3）技术要求。

计费关口点按单表设计，电能表精度要求不低于1.0级。

3. 系统通信

信息传输可通过接入现有集抄系统实现电量信息远传。

（三）补充说明

根据国家电网公司规定，接入用户侧的分布式光伏发电项目，接入系统工程由项目业主投资建设，接入引起的公共电网改造部分由电网企业投资建设。

并网申请的相关报告有效期为6个月，逾期需报××供电公司相关部门重新核准。

三、380 V全部上网

（一）接入系统一次

1. 发电侧及接入侧概述

用户现状及其分布式光伏发电装置概况，包括具体位置、光照条件、拟建规模及预计发电量（根据客户实际情况填写）。

2. 接入系统方案

（1）分布式光伏发电装置规模及电压等级选择。

客户申请光伏并网容量为8～400 kW时，采用380 V三相并网（参考标准：8 kW及以下可接入220 V，8～400 kW可接入380 V。若高、低两级电压均具备接入条件，优先采用低电压等级接入）。

（2）接入方案拟定。

客户的分布式光伏发电项目拟接入台区380 V分支箱处（接入系统方案按照就近接入、就地平衡消纳原则进行设计）。

（3）电气计算。

①潮流计算：光伏发电系统所发电量全部输送到公共电网，由电网消纳。

②有功功率：光伏发电系统10 min有功功率变化最大限值应不超过装机容量，1 min有功功率变化最大限值应不超过20%装机容量。

③无功功率：当光伏发电系统输出有功功率大于其额定功率的50%时，功率因数应小于0.98（超前或滞后）；输出有功功率在其额定功率的20%～50%之间时，功率因数应不小于0.95（超前或滞后）。

④短路电流计算分析：当光伏发电系统并网后，千伏变电站的10 kV侧短路电流在允许范围内。

⑤电能质量分析：逆变器向当地交流负荷提供电能和向电网送出电能的质量，在谐波、电压偏差、电压不平衡、电压波动等方面，满足现行国家标准GB/T 14549—1993《电能质量　公用电网谐波》、GB/T 12325—2008《电能质量　供电电压偏差》、GB/T 15543—2008《电能质量　三相电压不平衡》、GB/T 12326—2008《电能质量　电压波动和闪变》的有关规定。

光伏电站接入电网后，公共连接点的电压偏差应满足GB/T 12325—2008的要求，220 V单相供电电压偏差为标称电压的+7%，光伏电站向公共连接点注入的直流电流分量不应超过其交流额定值的0.5%。

（4）主要设备选择。

①送出线路导线截面：此光伏发电系统为单点接入，单点最大出力千瓦数为8 MW。380 V电缆载流量应不小于5 A，并考虑一定裕度。

②断路器型式：并网点应安装易操作、具有明显开断指示、具备开断故障电流能力的低压并网专用断路器。专用断路器应具备电源端与负荷端反接能力。接入装置应具备失压跳闸功能。

（5）电气主接线。

根据接入系统方案，380 V全部上网光伏发电项目电气主接线如图4-3所示。

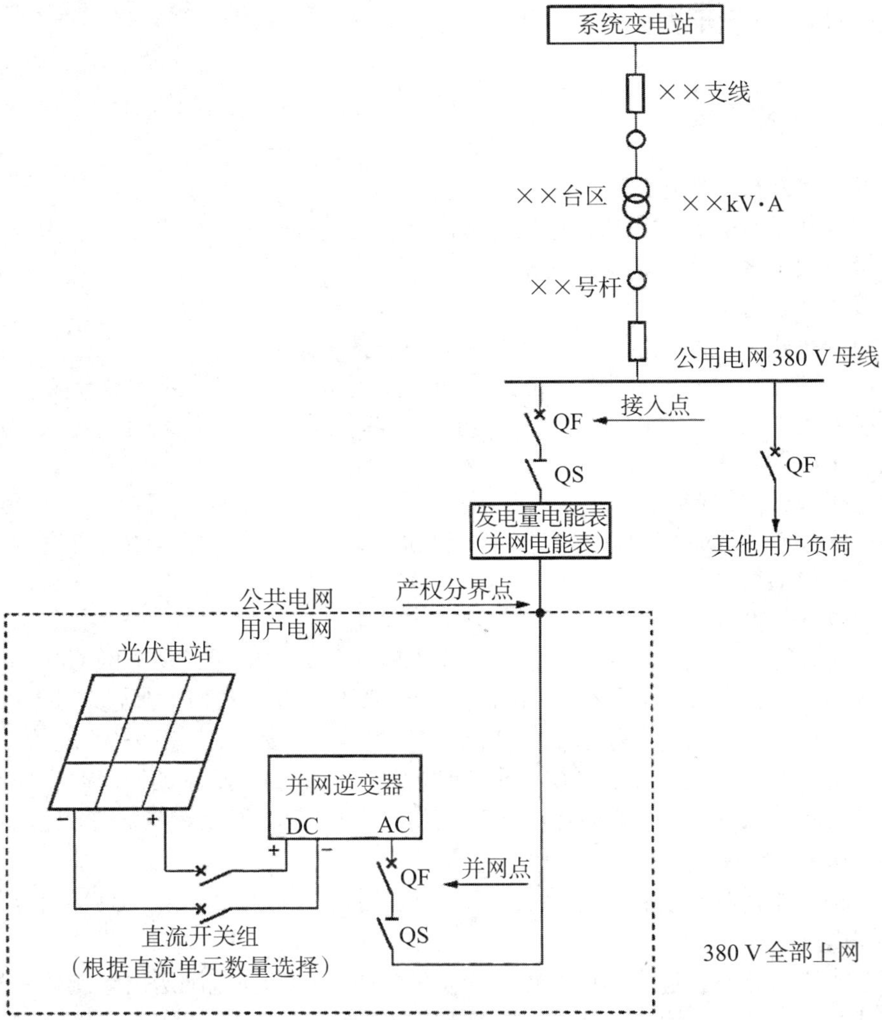

QF—低压断路器；QS—低压隔离开关。

图4-3　380 V全部上网光伏项目电气主接线

①并网点断路器及隔离开关为客户产权设备，接入点断路器及隔离开关为电网产权设备。

②并网逆变器直流输入端直流开关数量及型号由项目施工单位根据实际情况选型配置。

③图4-3虚线框内为客户产权设备，发电量电能表可由供电公司予以配置。

3. **主要设备选型**

（1）开关。

开关型号根据实际装机计算进行选型。

以DZ20塑壳式断路器为例，其开关型号选型如表4-3所示。

（2）电缆。

电缆型号根据实际装机计算进行选型。

以交联聚乙烯电缆为例，其型号选型如表4-4所示。

表4-4　交联聚乙烯电缆型号选型

型号	额定电流/A
YJV-0.4/1-4*70	228
YJV-0.4/1-4*95	273
YJV-0.4/1-4*120	314
YJV-0.4/1-4*150	360
YJV-0.4/1-4*185	410

（3）逆变器。

逆变器应符合国家、行业相关技术标准，具备高/低压电压闭锁、检有压自动并网功能。

（二）接入系统二次

1. **保护**

（1）过流保护。

光伏电站具备一定的过流能力，在120%额定电流以下，光伏电站连续可靠工作时间应不小于1 min。

（2）防孤岛检测。

本项目应采用具备防孤岛能力的逆变器。逆变器必须具备快速检测孤岛且检测到孤岛后立即断开光伏电站与电网连接的能力。其防孤岛检测装置配置方案应与继电保护配置、安全自动装置配置和低电压穿越等相配合，时间上互相匹配。

（3）其他。

光伏并网点、接入点处低压断路器与隔离开关串联使用，断路器用来切合正常负荷电流、断开短路电流，隔离开关起明显断开点作用。

2. **计量**

（1）数量要求。

380 V全部上网可设置一块电能表，同时计量发电量与上网电量。

（2）安装位置。

为便于供电公司抄表检查，应将发电量电能表二次接线适当延长，将电能表引出安装到适当位置。

（3）技术要求。

计费关口点按单表设计，电能表精度要求不低于1.0级。

3. 系统通信

信息传输可通过接入现有集抄系统实现电量信息远传。

（三）补充说明

根据国家电网公司规定，接入用户侧的分布式光伏发电项目，接入系统工程由项目业主投资建设，接入引起的公共电网改造部分由电网企业投资建设。

对高压侧保护与安全自动装置的校验工作，由经研院负责办理，本方案不予涉及。

并网申请的相关报告有效期为6个月，逾期需报××供电公司相关部门重新核准。

四、380 V余电上网

（一）接入系统一次

1. 发电侧及接入侧概述

用户现状及其分布式光伏发电装置概况，包括具体位置、光照条件、拟建规模及预计发电量（根据客户实际情况填写）。

2. 接入系统方案

（1）分布式光伏发电装置规模及电压等级选择。

客户申请光伏并网容量为8～400 kW时，采用380 V三相并网（参考标准：8 kW及以下可接入220 V，8～400 kW可接入380 V。若高、低两级电压均具备接入条件，优先采用低电压等级接入）。

（2）接入方案拟定。

客户的分布式光伏发电项目拟接入台区380 V分支箱处（接入系统方案按照就近接入、就地平衡消纳原则进行设计）。

（3）电气计算。

①潮流计算：光伏发电系统所发电量全部输送到公共电网，由电网消纳。

②有功功率：光伏发电系统10 min有功功率变化最大限值应不超过装机容量，1 min有功功率变化最大限值应不超过20%装机容量。

③无功功率：当光伏发电系统输出有功功率大于其额定功率的50%时，功率因数应小于0.98（超前或滞后）；输出有功功率在其额定功率的20%～50%之间时，功率因数应不小于0.95（超前或滞后）。

④短路电流计算分析：当光伏发电系统并网后，千伏变电站的10 kV侧短路电流在允许范围内。

⑤电能质量分析：逆变器向当地交流负荷提供电能和向电网送出电能的质量，在谐波、电压偏差、电压不平衡、电压波动等方面，满足现行国家标准GB/T 14549—1993《电能质量　公用电网谐波》、GB/T 12325—2008《电能质量　供电电压偏差》、GB/T 15543—2008《电能质量　三相电压不平衡》、GB/T 12326—2008《电能质量　电压波动和闪变》的有关规定。

光伏电站接入电网后，公共连接点的电压偏差应满足GB/T 12325—2008的要求，220 V单相供电电压偏差为标称电压的+7%，光伏电站向公共连接点注入的直流电流分量不应超过其交流额定值的0.5%。

（4）主要设备选择。

①送出线路导线截面：此光伏发电系统为单点接入，单点最大出力千瓦数为8 MW。380 V电缆载流量应不小于5 A，并考虑一定裕度。

②断路器型式：并网点应安装易操作、具有明显开断指示、具备开断故障电流能力的低压并网专用断路器。专用断路器应具备电源端与负荷端反接能力。接入装置应具备失压跳闸功能。

（5）电气主接线。

根据接入系统方案，380 V余电上网光伏项目电气主接线如图4-4所示。

①并网点断路器及隔离开关为客户产权设备，接入点断路器及隔离开关为电网产权设备。

②并网逆变器直流输入端直流开关数量及型号由项目施工单位根据实际情况选型配置。

③图4-4虚线框内为客户产权设备，发电量电能表可由供电公司予以配置。

④客户用电量=下网电量+（发电量–上网电量），该处供电企业不作为贸易计量点，图4-4设置了一块用电量电能表，客户有安装需求的话可自行配置。

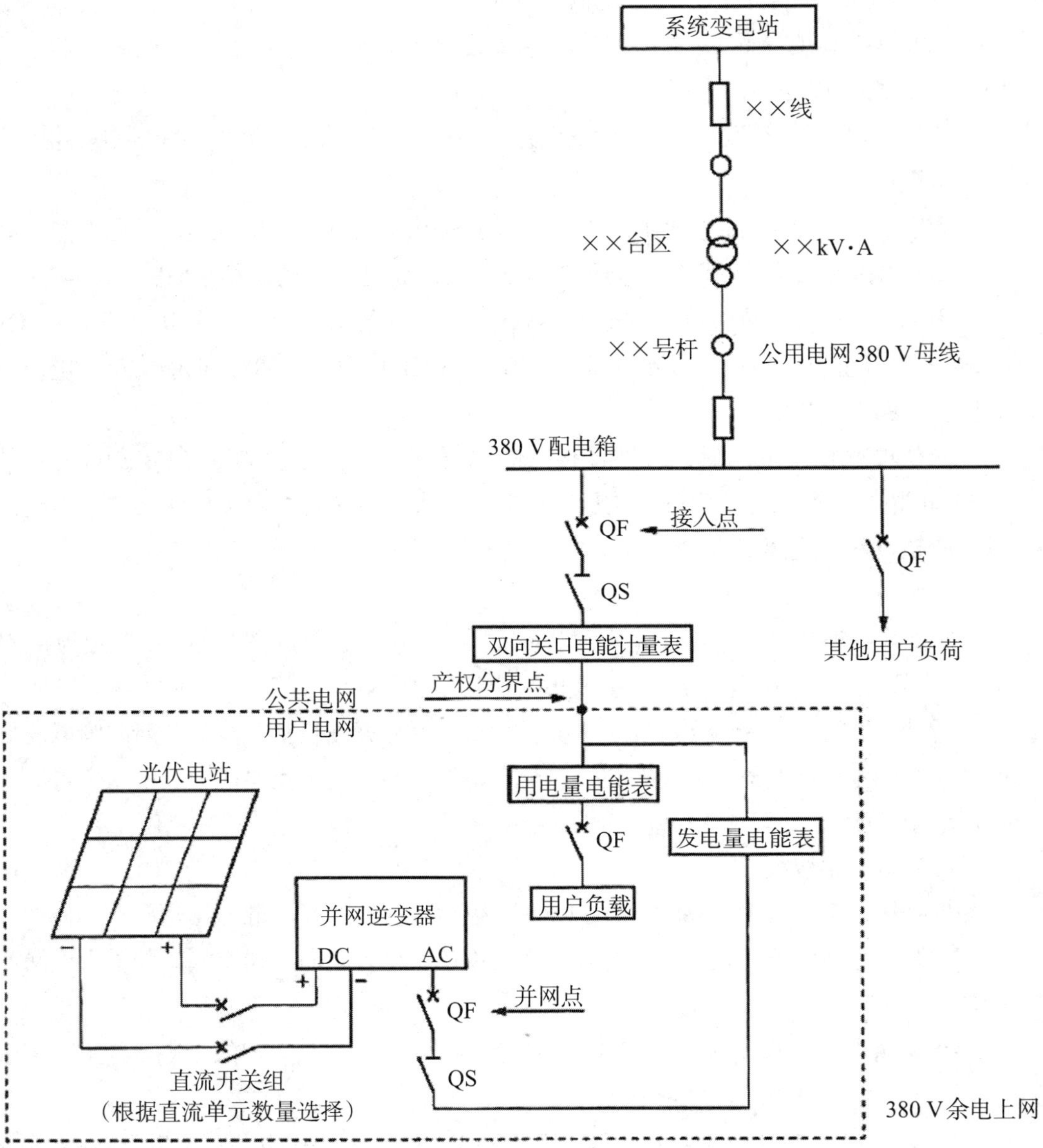

QF—低压断路器；QS—低压隔离开关。

图4-4　380 V余电上网光伏项目电气主接线

3. 主要设备选型

（1）开关。

开关型号根据实际装机计算进行选型。

以DZ20塑壳式断路器为例，其开关型号如表4-3所示。

（2）电缆。

电缆型号根据实际装机计算进行选型。

以交联聚乙烯电缆为例，其型号选型如表4-4所示。

（3）逆变器。

逆变器应符合国家、行业相关技术标准，具备高/低压电压闭锁、检有压自动并网功能。

（二）接入系统二次

1. 保护

（1）过流保护。

光伏电站具备一定的过流能力，在120%额定电流以下，光伏电站连续可靠工作时间应不小于1 min。

（2）防孤岛检测。

本项目应采用具备防孤岛能力的逆变器。逆变器必须具备快速检测孤岛且检测到孤岛后立即断开光伏电站与电网连接的能力。其防孤岛检测装置配置方案应与继电保护配置、安全自动装置配置和低电压穿越等相配合，时间上互相匹配。

（3）其他。

光伏并网点、接入点处低压断路器与隔离开关串联使用，断路器用来切合正常负荷电流、断开短路电流，隔离开关起明显断开点作用。

2. 计量

（1）数量要求。

380 V余电上网模式由供电公司在两个点配备计量装置。

①在发电量汇总处配置多功能电能表，用于计量发电量。

②在产权分界处安装多功能双向电能表，用于计量上、下网电量。

客户可自行在用电负荷总开关处配置电能表，用于计量客户的总用电量。

（2）安装位置。

为便于供电公司抄表检查，应将发电量电能表二次接线适当延长，将电能表引出安装到适当位置。

（3）技术要求。

计费关口点按单表设计，电能表精度要求不低于1.0级。

3. 系统通信

信息传输可通过接入现有集抄系统实现电量信息远传。

（三）补充说明

根据国家电网公司规定，接入用户侧的分布式光伏发电项目，接入系统工程由项目业主投资建设，接入引起的公共电网改造部分由电网企业投资建设。

对高压侧保护与安全自动装置的校验工作，由经研院负责办理，本方案不予涉及。

并网申请的相关报告有效期为6个月，逾期需报××供电公司相关部门重新核准。

习　题

客观题

1.（单选题）分布式电源接入系统二次包括：(　　)、自动化配置要求以及监控、通信系统要求。

A. 计量点设置

B. 计量装置精度

C. 无功配置方案

D. 保护

2.（单选题）分布式光伏并网电压等级可根据装机容量进行初步选择，(　　）可接入10 kV。

A. 200～3 000 kW

B. 200～6 000 kW

C. 400～6 000 kW

D. 400～8 000 kW

3.（单选题）分布式光伏发电项目应在并网点设置易操作、可闭锁，且（　　）的并网开断设备。

A. 免维护

B. 属于行业知名品牌

C. 具有明显断开点

D. 性能安全可靠

4.（单选题）同步电机类型分布式电源接入10 kV配电网时，并网点开关应配置低周、电压保护装置，具备故障解列及检同期合闸功能，低周保护定值宜整定为（　　）。

A. 48 Hz、0.3 s

B. 48 Hz、0.2 s

C. 50 Hz、0.3 s

D. 50 Hz、0.2 s

5.（多选题）分布式光伏并网电压等级可根据装机容量进行初步选择，以下可接入380 V三相并网的有（　　）。

A. 8 kW

B. 200 kW

C. 320 kW

D. 410 kW

6.（多选题）10 kV及以上电压等级接入的分布式电源（除10 kV接入的分布式光伏发电、风力发电、海洋能发电项目），需上传（　　）、有功功率、无功功率和（　　）等实时运行信息。

A. 并网设备状态

B. 并网点电压

C. 电流

D. 发电量

7.（多选题）接入220/380 V电压等级的分布式电源，或10 kV接入的分布式光伏发电、风力发电、海洋能发电项目，暂只需上传（　　），条件具备时，预留上传并网点开关状态能力。

A. 电流

B. 电压

C. 发电量信息

D. 发电功率

8.（多选题）分布式光伏接入系统一次包括：并网点和并网电压等级（对于多个并网点项目，项目并网电压等级以其中的最高电压为准）、接入容量和接入方式、（　　）、防雷接地要求、（　　）、互联接口设备参数。

A. 电源闭锁方式

B. 电气主接线图

C. 无功配置方案

D. 谐波治理方案

9.（判断题）10 kV及以下接入用户侧电源项目，要求具备低电压穿越能力。（　　）

A. 是　　　B. 否

10.（判断题）380 V接入的分布式电源，10 kV接入的分布式光伏发电、风力发电、海洋能发电项目，可采用无线公网通信方式（光纤到户的可采用光纤通信方式），但应采取信息安全防护措施。（　　）

A. 是　　　B. 否

11.（判断题）分布式光伏送出线路的继电保护不要求双重配置，可不配置光纤纵差保护。（　　）

A. 是　　　B. 否

12.（判断题）分布式光伏并网电压等级可根据装机容量进行初步选择，8 kW及以下可接入380 V。（　　）

A. 是　　　B. 否

13.（判断题）分布式光伏并网电压等级可根据装机容量进行初步选择，最终并网电压等级应根据电网条件，通过技术经济比选论证确定。若高低两级电压均具备接入条件，优先采用高电压等级接入。（　　）

A. 是　　　B. 否

14.（填空题）10 kV及以下接入分布式电源按接入电网形式分为逆变器和（　　）两类。

简答题

1. 分布式光伏发电系统是由哪几部分构成的？

分布式光伏发电系统由光伏组件、光伏并网逆变器、双向计量电能表构成。

2. 如何选择分布式光伏发电系统的并网电压？

分布式光伏发电系统并网电压主要由系统装机容量所决定，具体并网电压需根据电网公司的接入系统批复决定，一般户用选用AC 220 V接入电网，商用可选择AC 380 V或10 kV接入电网。

3. 如何选用光伏组件？

根据安装现场的具体情况可选用不同类型的光伏组件，安装现场的有效利用面积决定组件的规格尺寸，单位面积内想安装更大的容量可选用高效率组件，根据现有建筑的外观也可选择不同边框的组件，根据现场的串联并联接线方式固定组件的接件长度，组件的选择需要综合考虑安装面积、装机容量、成本等要素，一般来讲应选用信誉好、质量好、有认证、质保售后服务好，具有防火认证的组件产品。

4. 如何选用逆变器？

一般根据系统的要求配置对应功率段的逆变器，选择的逆变器的功率应该与光伏方阵的最大功率匹配，一般选取光伏逆变器的额定输出功率与输入总功率相近，这样可以节约成本。

5. 如何估算分布式光伏发电系统的发电量？

要估算分布式光伏发电系统的发电量，需要知道系统安装当地的有效日照时间、系统效率、系统安装容量。也可向光伏发电系统安装商咨询，得到更为精确的发电量。

6. 设计工程师在根据客户要求进行系统设计时，需要客户提供哪些资料？

系统设计时要求客户提供的资料分为必选项和可选项部分，必选项部分包括项目安装地点、建筑周围环境、建筑建设年份、屋顶类型、屋顶载荷、接入电压等级和屋顶照片等，可选项部分包括平均每月用电量、屋顶板结构、CAD图纸、屋顶表面情况、电能表箱照片等，当然可选部分填写得越详细越有助于更加合理地进行优化设计，更好地提高发电量。

【答案】

1. D	2. C	3. C	4. B	5. B	6. C	7. ABCD	8. ABC
9. BC	10. B	11. A	12.A	13.B	14. B	15. 旋转电机	

第五章

分布式光伏并网服务管理

第一节　分布式光伏并网服务工作相关规范

一、分布式光伏发电项目分类

根据《国家电网公司关于印发分布式电源并网相关意见和规范（修订版）的通知》（以下简称1781号文），光伏发电项目分为分布式光伏发电项目和光伏电站两种。

1. 分布式光伏发电项目

第一类：10（20）kV及以下电压等级接入，且单个并网点总装机容量不超过6 MW的分布式光伏发电项目。其中居民光伏是指自然人利用拥有使用权的房屋（建筑物）及附属非农耕土地等场所，建设以380/220 V电压等级接入电网的光伏发电系统。

第二类：10（20）kV电压等级接入，单个并网点总装机容量超过6 MW，且有自发自用电量（非全部上网）的分布式光伏发电项目，或35 kV电压等级接入，且有自发自用电量（非全部上网）的分布式光伏发电项目。

2. 光伏电站项目

光伏电站分为纳入分布式光伏发电规模指标管理的小型光伏电站和常规光伏电站两种。纳入分布式光伏发电规模指标管理的小型光伏电站是指《国家能源局关于进一步落实分布式光伏发电有关政策的通知》（国能新能〔2014〕406号）规定的以35 kV及以下电压等级接入电网、单个项目容量不超过20 000 kW且所发电量主要在并网点变电台区消纳的光伏电站项目。

二、一般原则

分布式光伏发电项目并网的一般原则如下。

（1）国家电网公司积极为分布式光伏发电项目接入电网提供便利条件，为接入配套电网工程建设开辟绿色通道。分布式光伏发电项目接入系统工程由项目业主投资建设，由其接入引起的公共电网改造部分由国家电网公司投资建设（西部地区接入系统工程仍执行国家现行规定），包括随公共电网线路架设的通信光缆及相应公共电网变电站通信设备改造等。

（2）分布式光伏发电项目工程设计和施工建设应符合国家相关规定，并网性能和并网点的电能质量应满足国家和行业相关标准。

（3）分布式光伏发电量可以全部自用，“自发自用、余电上网”或全部上网，由用户自行选择，用户不足电量由电网提供；上、下网电量分开结算，电价执行国家相关政策；国家电网公司免费提供关口计量表和发电量计量用电能表。

（4）分布式光伏发电项目不收取系统备用费；分布式光伏发电系统自用电量不收取随电价征收的各类基金和附加。其他分布式电源系统备用费、基金和附加执行国家有关政策。国家电网公司提供的电能计量表应可明确区分项目总发电量、自发自用电量（包括合同能源服务方式中光伏企业向电力用户的供电量）和上网电量，并具备向电力运行调度机构传送项目运行信息的功能。

（5）国家电网公司为自然人分布式光伏发电项目提供项目备案服务。对于自然人利用自有住宅及其住宅区域内建设的分布式光伏发电项目，国家电网公司收到接入系统方案项目业主确认单后，按月集中向当地能源主管部门进行项目备案。对自然人利用住宅（或自然人所有的营业性建筑）建设的分布式光伏发电项目，国家电网公司直接受理并及时开展相关并网服务。项目单位和国家电网公司要相互配合，如对接网方式存在争议，可向国家能源局申请派出机构协调。对法人单位申请并网的分布式光伏发电项目，国家电网公司应及时出具项目接入电网意见函，在项目完成备案后开展相关配套并网工作。

（6）国家电网公司应按规定的并网点及时完成应承担的接网工程，在符合电网运行安全技术要求的前提下，尽可能在用户侧以较低电压等级接入，允许内部多点接入配电系统，避免安装不必要的升压设备。

（7）国家电网公司为列入国家可再生能源电价附加资金补助目录的分布式电源项目提供补助电量计量和补助资金结算服务。国家电网公司收到财政部拨付补助资金后，根据项目补助电量和国家规定的电价补贴标准，按照电费结算周期支付给项目业主。

（8）按照“一口对外、便捷高效”的服务原则，整合服务资源，压缩管理层级，精简业务流程，开辟绿色通道，加快分布式光伏发电项目并网速度，履行服务时限承诺。同时国家电网公司设立分布式光伏发电“一站式”并网服务窗口，明确办理并网手续的申请条件、工作流程、办理时限，并在国家电网公司相关网站公布。

（9）国家电网公司地市或县级客户服务中心为分布式光伏发电项目业主提供接入申请受理服务，协助项目业主填写接入申请表，接收相关支持性文件和资料。

（10）国家电网公司为分布式电源项目业主提供优质并网服务（不包括分布式光伏发电项目的备案和工程建设时间）。第一类单点并网项目从受理并网申请到并网验收调试服务时限不超过50个工作日，第一类多点并网项目从受理并网申请到并网验收调试服务时限不超过60个工作日，第二类光伏发电项目从受理并网申请到并网验收调试服务时限不超过90个工作日。由于光伏发电项目业主并网申请、初步设计审查申请、并网验收与调试申请环节提供材料不齐全，以及设计审查申请、并网验收与调试环节不通过等，服务环节停滞，供电企业应做好服务咨询，协助项目业主解决困难。

三、调度管理

（一）分布式光伏并网运行管理

在分布式光伏接入系统方案编制、审查过程中，相关机构应提早介入，根据接入区域电网运行实际情况，结合远景规划，在接入电压等级、接入点、继电保护配置及整定技术要求、信息接入规范等方面提出相关建议要求，保证接入合理性，确保电网安全可靠经济运行。电力调控机构应对分布式光伏并网基础资料按项目归类存档，并在项目并网前期工作过程中对资料往来和工作办理的情况按时序登记备案。

对10(6)～35 kV接入的分布式光伏发电项目，电力调控机构负责组织本单位相关部门配合项目业主开展项目并网验收，出具并网验收意见，开展并网调试有关工作，项目调试通过后直接转入并网运行。若验收或调试不合格，提出整改方案。

10（6）～35 kV接入的分布式光伏并网调度管理主要包括以下内容：

（1）参与接入方案审查；

（2）参与接入系统初设审查；

（3）向业主提供《分布式电源并网调度服务工作手册》，介绍并网调度流程，提出收资要求；

（4）收到业主并网验收和并网调试申请，检查申请资料合格后，下达调度命令，签订并网调度协议；

（5）开展继电保护整定、自动化通信联调；

（6）现场验收、并网调试。

对380 V接入的分布式光伏发电项目，电力调控机构与营销部开展项目并网验收及并网调试，出具并网验收意见，项目并网调试通过后直接转入并网运行。若验收或调试不合格，提出整改方案。

电力调控机构配合发展、营销部审查分布式光伏接入系统方案和工程设计是否满足电网安全运行和调度运行管理要求，重点审查电力平衡和潮流分布，一次接线方式，对公用电网一次、二次设备影响，涉网继电保护与安全自动装置配置，调度自动化与安全防护等方面内容。

分布式光伏发电项目应根据电力调度机构确认的并网调试计划进行准备工作，并按电力调度机构的要求提前提出调试申请，经调度机构批准后进行并网运行调试。

为确保分布式光伏并网有据可依，规范分布式光伏并网程序，按照优化并网流程、简化并网手续、提高服务效率的原则，制定并发布了10 kV分布式光伏并网服务流程，如图5-1所示。

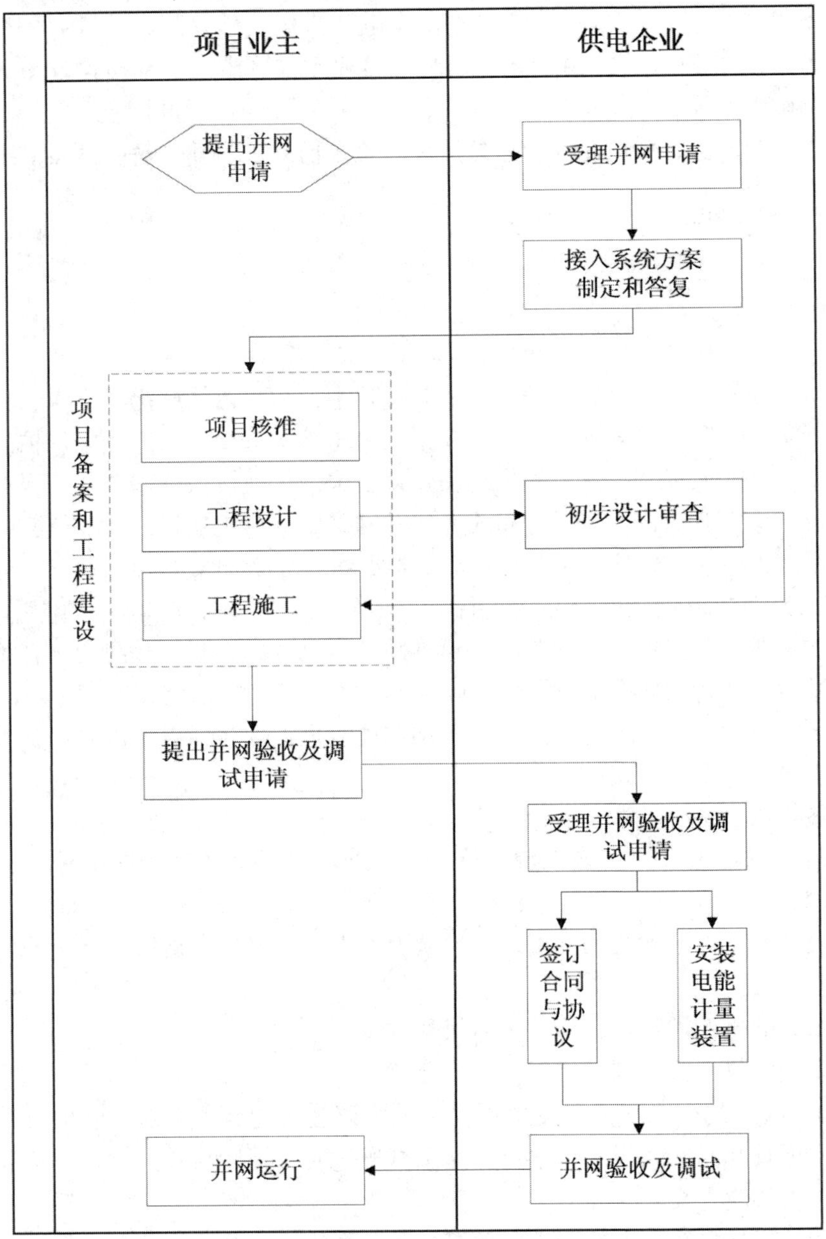

图5-1　10 kV分布式光伏并网服务流程

（二）优化分布式光伏调度策略

分布式光伏涉网设备，应按照并网调度协议约定，纳入电力调控机构调度管理。分布式光伏一般应由所接入电网的电力调度机构或上一级电力调度机构负责实施调度管理。接入用户内部电网的光伏电站采用可逆流方式时，该类电站应参照接入公用电网的光伏电站实施调度管理。接入配电网的分布式光伏，应按照容量和电压等级，遵循分散布置、分层控制、分级调度的原则，其运行应按当地电力部门批准的运行方案实施，当地电力部门负责分布式光伏的运行和控制。

分布式光伏应服从电力调控机构的统一调度，遵守调度纪律，严格执行调度指令。分布式光伏应保证人员和组织机构齐备，管理制度齐全，满足所接入电网的安全管理规定。在调度调管范围内的分布式光伏设备，未获电力调控机构值班调度员的指令，分布式光伏运行值班人员均不得自行操作；当出现危及人身及设备安全的情况时，应先按照现场规程先行处理，但事后应立即汇报值班调度员。分布式光伏应接受营销用电检查和电网调度运行考核。

电力调控机构值班调度员在值班期间是电网运行的指挥者，在调管范围内行使调度权。分布式光伏并网线路停电或发生故障时，随时都有来电的可能，此时允许运行值班人员拉开进线断路器、隔离开关，确保分布式光伏与电网隔离，避免其向电网反送电，并向电力调控机构值班调度员汇报。电力调控机构值班调度员应核实停电或故障线路所接所有分布式光伏确已解列，没有向电网反送电可能。

10(6)～35 kV接入的分布式光伏应安排有人值班，其运行值班人员应参加由电力调控机构组织的调度运行技术培训。凡与电力调控机构值班调度员直接进行调度业务联系的运行值班人员，须取得所属电力调控机构颁发的调度运行值班合格证书后，方能与值班调度员进行电力调度业务联系。

开展分布式光伏现场驻点培训，分布式光伏由于涉及主体多、运行人员业务水平参差不齐，在工作联系及事故处理中容易发生交流不畅、处理不及时的情况。对此，针对分布式光伏的特点，结合调度接发令及操作等工作流程，对分布式光伏电站值班人员进行流动式实地培训。建立应急预案制度，根据分布式光伏不同并网方式编制针对性的事故应急预案，并形成地、县两级调度事故处置联动机制，定期开展地县联合反事故演练，并指导用户制定自身的相应预案。

调度机构人员应通过现场熟悉，尽快掌握现场设备知识，从而保证日常工作的顺利进行。另外，通过调度人员与运行人员的面对面交流，找出分布式光伏调度工作中存在的困难点和矛盾点，有针对性地制定相应的工作规范和流程，使整个分布式光伏的调度工作得以顺畅开展。

四、定值管理

为了保证光伏电站设备安全稳定运行，规范设备参数管理，使设备保护定值能够及时执行、及时更新，制定设备的定值管理制度尤为重要。

（一）职责

1. 站长主要职责

（1）负责管理光伏发电系统参数，在分析运行数据基础上，协同厂家技术人员，根据现场实际情况适时对光伏发电系统参数进行起草和计算。

（2）负责批准光伏发电系统、箱变和升压站继电保护设备参数。

2. 主值主要职责

负责管理各种保护定值，包括定值单的接收、登记和保管等工作。

3. 运行人员主要职责

（1）负责监控光伏发电系统运行状态，核对参数是否符合对应的技术方案。

（2）负责及时上报厂家技术人员提出的技术参数修订要求。

（二）管理内容

1. 定值单的执行

（1）光伏发电系统、箱变设备定值单：由设备厂家提供。

（2）继电保护设备定值单：由电力部门提供，应有计算人、审核人和批准人的签名（或盖“继电保护专用章”）。

（3）主值将接收到的定值单登记在“定值单台账”上。

2. 定值的更改

（1）光伏电站提出的定值更改：光伏电站需要更改光伏发电系统、箱变设备参数时，更改人员应与设备厂家沟通联络，确定技术方案，填写“参数更改通知书”，经主值审核，站长批准后实施，作业完成后填写“参数更改信息反馈单”。

（2）厂家提出的定值更改：设备厂家需要更改参数时须提供技术说明和方案，经主值审核、站长批准后执行，技术说明、方案由光伏电站档案室保管。

（3）继电保护设备参数的更改：更改继电保护设备参数时，值班人员向调度值班员申请工作许可，需汇报清楚工作人员单位、继电保护设备名称、定值单编号等内容。执行人员根据调度值班员的命令开展工作。

（4）办理修改定值的工作票时必须出示定值单，值班人员核对无误后方可允许工作。

（5）定值单执行完毕后，执行人员在“定值修改记录”上填写“定值单编号”“设备名称”“修改时间”“工作结果”“注意事项”栏目，将定值单交值班人员核对。

（6）值班人员接收到执行完毕的定值单后，立即核对相应设备参数，主值对修改情况进行复核，分别在“定值修改记录”中签字确认，方便后续检查核对。

（7）对于新定值单内容中要求作废的定值单，在新定值单的执行工作结束后即行作废。值班人员在作废定值单上盖作废章，新、旧定值单均交光伏电站档案室存档。

3. 其他

（1）参数更改过程中发现有与计划内容或技术方案不符之处，在做出调整之前，需得到作业建议人、负责人、站长的批准签字方能加以修改。

（2）未经站长批准即进行参数更改，对光伏电站造成经济损失的，将对责任人进行处罚。

第二节　分布式光伏并网服务流程

一、并网服务程序

（一）35 kV、10（20）kV分布式光伏并网服务流程

35 kV、10（20）kV分布式光伏并网服务流程如图5-2所示。

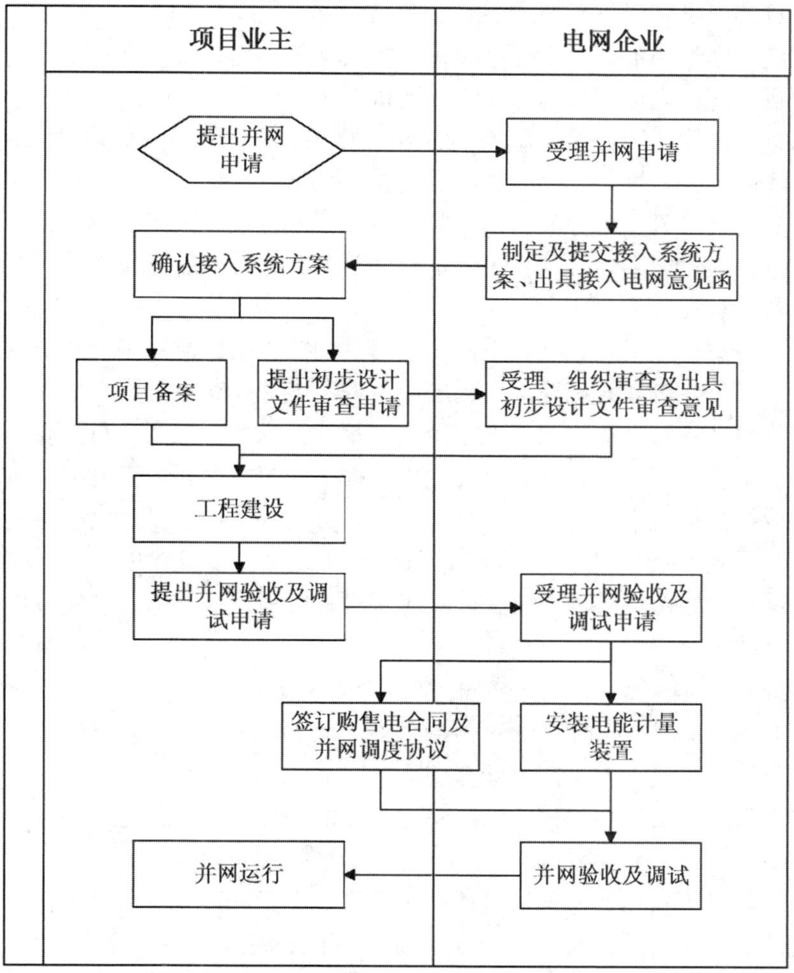

图5-2　35 kV、10（20）kV分布式光伏并网服务流程

1. 提出申请

项目业主需提供以下资料：经办人身份证原件及复印件和法人委托书原件（或法定代表人身份证原件及复印件）；企业法人营业执照、土地证；政府投资主管部门同意项

目开展前期工作的批复（仅适用需核准项目）；发电项目前期工作及接入系统设计所需材料；用户电网相关资料（仅适用于大工业用户）。

2. 受理申请并网

电网企业受理客户接入申请时，应主动提供并网咨询服务，接受并查验接入申请资料，审查合格方可正式受理，并协助项目业主填写分布式电源并网申请表。对于申请资料欠缺或不完整的，应书面告知客户补充完善相关资料。

3. 接入系统方案制定和答复

电网企业为分布式光伏发电项目业主提供接入系统方案制定和咨询服务。电网企业在接入系统申请受理后，分布式光伏发电项目的第一类单点并网项目20个工作日，第一类多点并网项目30个工作日，第二类项目60个工作日内完成接入系统方案的制定和答复，并出具接入电网意见函。

接入系统方案编制前，项目业主应提供相关材料作为编制依据，主要包括项目建设必要性和项目概况（本期装机容量、终期装机容量、计划开工时间、计划投产时间、项目并网点信息、电能消纳方式、屋顶平面布置图、屋顶面积、逆变器相关参数、用户现状配网主接线图等）。具体见接入系统方案编制收资确认单。

电网企业完成接入系统方案编制与审查后将接入系统方案确认单、接入电网意见函告知项目业主，项目业主在接入系统方案确认单上签字盖章后返回给电网企业。

4. 项目备案和工程建设

（1）项目备案：项目业主接到电网企业出具的接入电网意见函后，根据政府部门分布式光伏发电项目建设和管理规定，提出项目备案申请并获批复。

（2）初步设计：项目业主根据电网企业答复的接入系统方案，自行委托具备资质的设计单位开展工程设计。在设计完成后，将工程设计相关材料提交电网企业。

电网企业接受查验设计资料，审查合格后方可正式受理。设计资料应包括项目备案或核准文件（需备案或核准项目），项目可行性研究报告，设计单位资质复印件，接入工程初步设计报告、图纸及说明书，隐蔽工程设计资料，高压电气装置一次、二次接线图及平面布置图等。

电网企业依照国家、行业、企业标准以及答复的接入系统方案对设计资料进行审查，并在受理项目业主申请后10个工作日内出具评审意见。若审查不通过，项目业主根据评审意见，提出设计方案并重新递交审查。

因客户自身原因需变更设计的，应将变更后的设计文件重新提交电网企业，审查通过后方可施工。

（3）工程施工：项目业主根据设计评审意见开展工程建设等后续工作。项目业主应委托具备资质的施工单位承揽工程施工，施工单位应具政府主管部门颁发的承装（修、试）电力设施许可证、建筑业企业资质证书、安全生产许可证等。设备选型应符合国家与行业安全、节能、环保要求和标准。

5. 提出并网验收及调试申请

分布式光伏发电项目主体工程和接入系统工程竣工后，项目业主应对照并网验收及调试需提供的材料清单准备相关资料，填写并网调试和验收申请表，将资料和申请表一并提交至电网企业营销部。申请并网验收与调试需提供的材料包括施工单位资质证书复印件，如承装（修、试）电力设施许可证、并网验收报告及调试报告等。

6. 并网受理验收和调试申请

电网企业负责接收项目业主并网调试和验收申请表及相关资料。审查合格后方可受理，对于申请资料欠缺或不完整的，书面告知客户补充完善相关资料。

7. 电能计量装置安装

分布式光伏发电项目的并网点以及与公用电网的连接点均应安装具有电能信息采集功能的计量装置，以准确计量分布式光伏发电项目的发电量和电力用户的上、下网电量。其与公用电网的连接点处安装的电能计量装置应能够分别计量上、下网电量。

自受理并网验收申请之日起，电网企业在10个工作日内完成电能计量装置的安装工作。

8. 签订合同及协议

35 kV、10（20）kV接入分布式光伏发电项目需签订购售电合同和并网调度协议。项目业主与电力客户为不同主体，需提供双方签订的相关协议，并作为供电企业签订购售电合同和并网调度协议的依据。

自受理并网验收及调试申请之日起，供电企业在10个工作日内签订相关合同和协议。

9. 并网验收与调试

自电能计量装置安装完成、合同与协议签订完毕后，10个工作日内，供电企业组织分布式光伏发电项目的并网验收和调试工作，并网验收和调试内容主要包括分布式光伏发电项目并网新增或改造设备、电能质量、并网逆变器、通信自动化、继电保护、生产运行准备工作等。

对并网验收合格的，出具并网验收意见；对并网验收不合格的，提出整改方案。项目并网调试通过后并网运行。

（二）380 V、220 V接入分布式光伏并网服务流程

380 V、220 V接入分布式光伏并网服务流程如图5-3所示。

1. 提出并网申请

项目业主需提供以下资料。

（1）经办人身份证原件及复印件和法人委托书原件（或法定代表人身份证原件及复印件）。

（2）企业法人营业执照、土地证。

（3）政府投资主管部门同意项目开展前期工作的批复（仅适用需核准项目）。

（4）分布式光伏发电项目（多并网点380 V、220 V接入）前期工作及接入系统设计所需材料。

（5）用户电网相关资料（仅适用于大工业用户）。

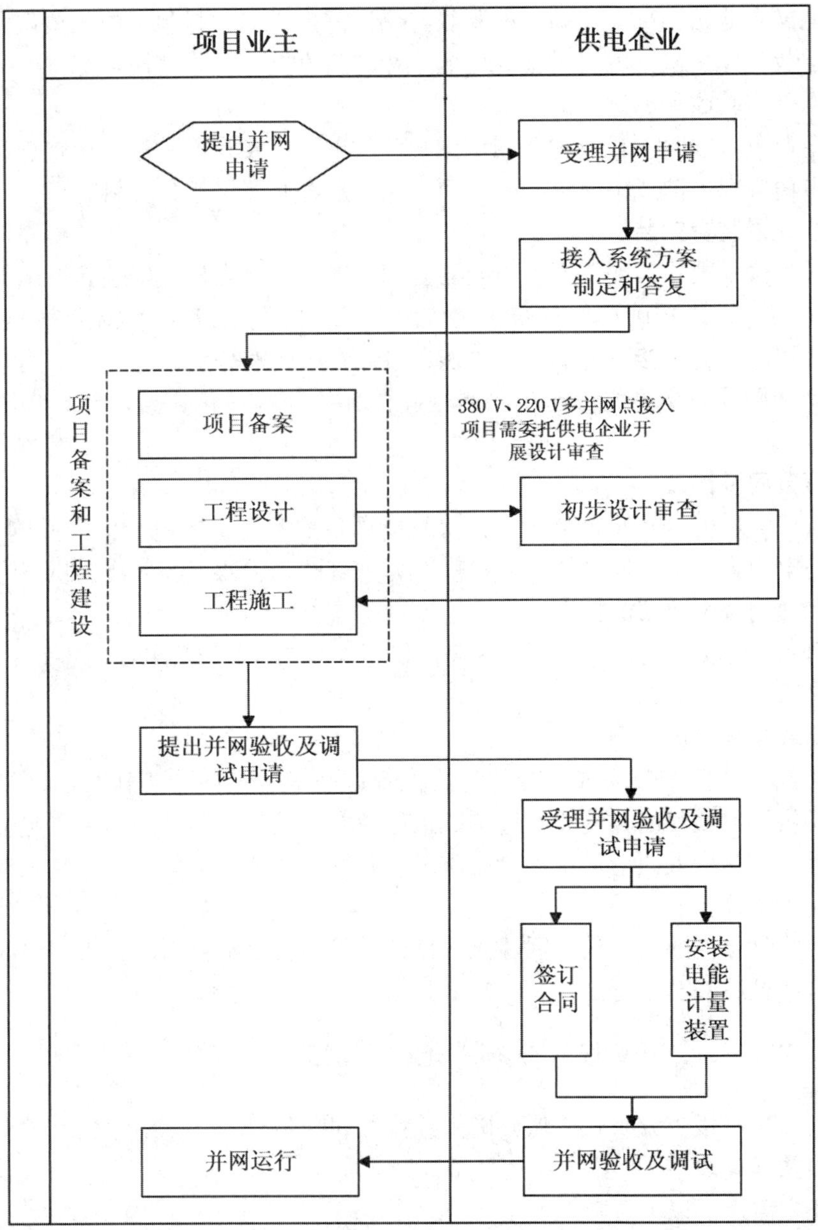

图5-3　380 V、220 V接入分布式光伏并网服务流程

2. 受理并网申请

供电企业受理客户接入申请时，应主动提供并网咨询服务，接受并查验接入申请资料，审查合格后方可正式受理，并协助项目业主填写分布式电源并网申请表。对于申请资料欠缺或不完整的，应书面告知客户补充完善相关资料。

3. 接入系统方案制定和答复

供电企业为分布式光伏发电项目业主提供接入系统方案制定和咨询服务。供电企业在接入系统申请受理后，分布式光伏发电项目380 V、220 V单点接入并网项目20个工作日，380 V、220 V多点接入并网项目30个工作日完成接入系统方案的制定和答复。

接入系统方案编制前，项目业主应提供相关材料作为编制依据，主要包括项目建设必要性和项目概况（本期装机容量、终期装机容量、计划开工时间、计划投产时间、项目并网点信息、电能消纳方式、屋顶平面布置图、屋顶面积、逆变器相关参数、用户现状配网主接线图等）。

供电企业完成接入系统方案编制与审查后，将接入系统方案确认单告知项目业主，项目业主在接入系统方案确认单上签字盖章后返回供电企业。双方确认的接入系统方案等同于接入电网意见函。

4. 项目备案和工程建设

（1）项目备案：项目业主接到供电企业出具的接入系统方案确认单后，根据政府部门分布式光伏发电项目建设和管理规定，提出项目备案申请并获得批复。

（2）初步设计：项目业主根据供电企业答复的接入系统方案，委托具备资质的设计单位开展工程设计。380 V、220 V多点接入并网项目需委托供电企业设计审查，手续参照35 kV、10 kV接入分布式光伏发电项目初步设计审查环节实施。

设计资料应包括项目备案或核准文件（需备案或核准项目），设计单位资质复印件，接入工程初步设计报告、图纸及说明书等。

（3）工程施工：项目业主根据设计评审意见开展工程建设等后续工作。项目业主应委托具备资质的施工单位承揽工程施工，施工单位应具备政府主管部门颁发的承装（修、试）电力设施许可证、建筑业企业资质证书、安全生产许可证等。设备选型应符合国家与行业安全、节能、环保要求和标准。

5. 提出并网验收及调试申请

分布式光伏项目主体工程和接入系统工程竣工后，项目业主应对照并网验收及调试需提供的材料清单准备相关资料，填写并网调试和验收申请表，将资料与申请表一并提交至供电企业。供电企业协助项目业主填写并网调试和验收申请表。申请并网验收与调试需提供的材料包括施工单位资质证书［承装（修、试）电力设施许可证等］复印件、并网验收报告等。

6. 受理并网调试和验收申请

供电企业负责接收项目业主并网调试和验收申请表及相关资料，审查合格后方可受理，对于申请资料欠缺或不完整的，书面告知客户补充完善相关资料。

7. 电能计量装置安装

分布式光伏发电项目的并网点以及与公用电网的连接点均应安装具有电能信息采集功能的计量装置，以准确计量分布式光伏发电项目的发电量和电力用户的上、下网电量。其与公用电网的连接点处安装的电能计量装置应能够分别计量上、下网电量。

自受理并网验收申请之日起，供电企业在10个工作日内完成电能计量装置的安装工作。

8. 签订合同

380 V、220 V接入分布式光伏发电项目需签订购售电合同。项目业主与电力客户为不同主体，需提供双方签订的相关协议，并作为供电企业签订购售电合同的依据。自受理并网验收及调试申请之日起，供电企业在10个工作日内签订购售电合同。

9. **并网验收与调试**

自电能计量装置安装完成、合同签订完毕后，10个工作日内，供电企业组织光伏项目的并网验收和调试工作，并网验收和调试内容主要包括分布式光伏发电项目并网新增或改造设备、电能质量、并网逆变器、通信自动化、继电保护、生产运行准备工作等。

对并网验收合格的，出具并网验收意见；对并网验收不合格的，提出整改方案。项目并网调试通过后并网运行。

（三）自然人分布式光伏并网服务流程

自然人分布式光伏并网服务流程如图5-4所示。

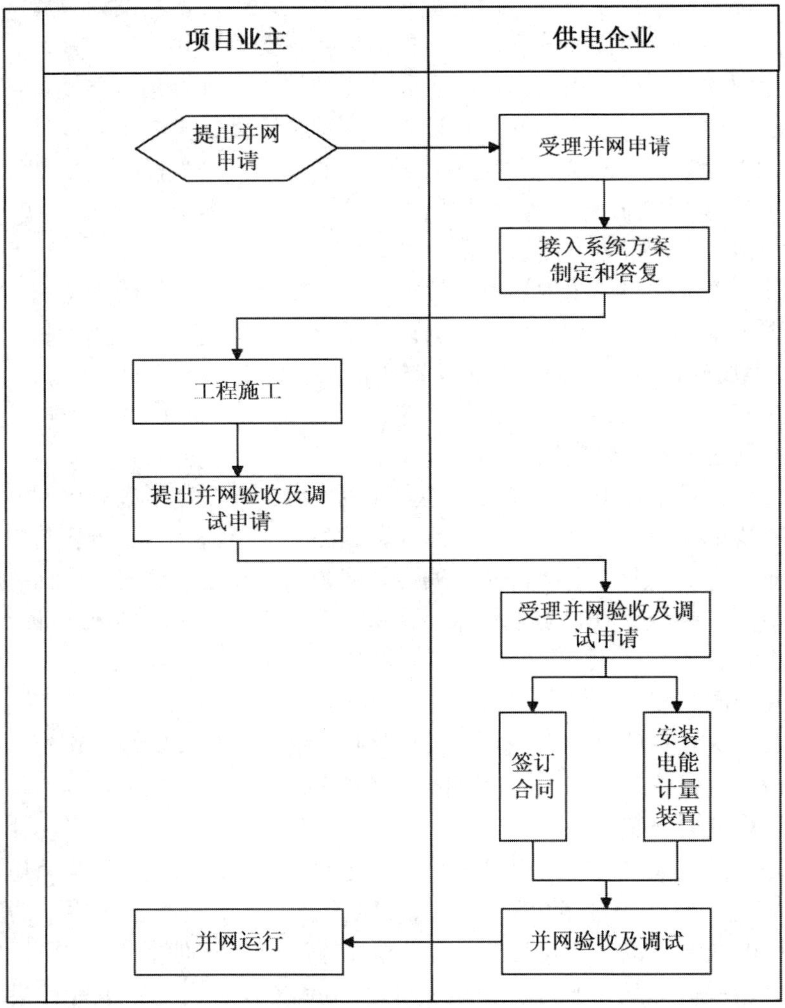

图5-4　自然人分布式光伏并网服务流程

1. **提出并网申请**

项目业主需提供以下资料。

（1）个人身份证、户口本、住房土地证、房产证或其他房屋产权证明文件等有效证件。

（2）在居民小区内申请家庭光伏，需提供业主委员会开具的项目同意书和物业电网企业开具的开工许可意见。

（3）其他居民家庭申请分布式光伏发电项目，需提供本项目涉及屋顶的所有相关居民家庭签字的项目同意书。

2. 受理并网申请

供电企业受理客户接入申请时，应主动提供并网咨询服务，接受并查验接入申请资料，审查合格后方可正式受理，并协助项目业主填写分布式电源并网申请表。关于申请资料欠缺或不完整的，应书面告知客户补充完善相关资料。

3. 接入系统方案制定和答复

供电企业为分布式光伏发电项目业主提供接入系统方案制定和咨询服务。供电企业在接入系统申请受理后，自然人分布式光伏发电项目20个工作日完成接入系统方案的制定和答复。

供电企业完成接入系统方案编制与审查后，将接入系统方案确认单告知项目业主，项目业主在接入系统方案确认单上签字盖章后返回供电企业。双方确认的接入系统方案等同于接入电网意见函。

4. 项目备案和工程建设

供电企业为自然人分布式光伏发电项目提供项目备案服务。

自然人分布式光伏发电项目应按照供电企业答复的接入系统方案进行建设。供电企业免费为居民提供典型并网装置设计图纸。

5. 提出并网验收与调试申请

自然人分布式光伏发电项目主体工程和接入系统工程竣工后，项目业主应对照并网验收及调试需提供的材料清单准备相关资料，填写并网调试和验收申请表，将资料与申请表一并提交至供电企业。供电企业协助项目业主填写并网调试和验收申请表。申请并网验收与调试需提供的材料包括施工单位资质证书［承装（修、试）电力设施许可证］复印件、并网验收报告等。

6. 受理并网验收及调试申请

供电企业负责接收项目业主并网验收和调试申请表及相关资料，审查合格后方可受理，对于申请资料欠缺或不完整的，书面告知客户补充完善相关资料。

7. 电能计量装置安装

自然人分布式光伏发电项目的并网点以及与公用电网的连接点均应安装具有电能信息采集功能的计量装置，以准确计量分布式光伏发电项目的发电量和电力用户的上、下网电量。其与公用电网的连接点处安装的电能计量装置应能够分别计量上、下网电量。

自受理并网验收申请之日起，供电企业在10个工作日内完成电能计量装置的安装工作。

8. 签订合同

自然人分布式光伏发电项目需签订购售电合同。自受理并网验收及调试申请之日起，供电企业在10个工作日内签订购售电合同。

9. 并网验收与调试

电能计量装置安装完成、合同签订完毕后，10个工作日内，供电企业组织分布式光伏发电项目的并网验收和调试工作，并网验收和调试内容主要包括分布光伏发电项目并网新增或改造设备、并网逆变器等。

对并网验收合格的，出具并网验收意见；对并网验收不合格的，提出整改方案。项目并网调试通过后并网运行。

二、电网企业并网服务职责分工

（一）职责分工

电网企业并网服务职责分工如下。

（1）承担分布式光伏发电项目“一口对外”服务；受理并网申请；组织现场查勘；委托经研所开展接入系统方案设计；组织380（220）V接入项目接入系统方案评审；负责答复接入系统方案和接入电网意见函；组案，审核并网设备的启动方案；负责专业并网验收与调试；参与现场查勘；参与接入系统方案和设计文件评审；参与合同的起草，并提供购售电合同相应的内容；参与项目接入配套工程设计文件评审。

（2）负责分布式电源并网信息归口管理，提供并网咨询服务，包括95598服务热线、网上营业厅、地市和县电网企业相关部门。负责分布式光伏发电项目接入电网新建工程和改造工程的立项并落实项目列支；组织35 kV、10 kV接入项目的接入系统方案评审并出具评审意见；负责出具接入电网意见函；参与现场查勘；参与380（220）V接入项目接入系统方案评审；参与分布式光伏发电项目设计文件评审；参与合同的起草，并提供购售电合同相应的内容；参与项目接入配套工程设计文件评审。

（3）负责分布式光伏发电项目接入电网大修工程的立项并落实项目列支；负责项目接入配套技改工程和大修工程的组织实施；负责审核电能质量方案和评估效果；负责专业并网验收与调试；负责组织项目接入配套工程设计文件评审；参与合同的起草，并提供购售电合同相应的内容；参与现场查勘；参与接入系统方案和设计文件评审；参与项目并网启动。

（4）负责分布式光伏发电项目接入电网基建工程的组织实施；参与现场查勘；参与接入系统方案和设计文件评审；参与并网验收与调试；参与并网启动。

（5）负责起草并签订并网调度协议；负责分布式光伏发电项目系统侧以及与系统直接连接部分的保护整定和新设备启动；负责制定分布式光伏发电项目系统侧并网启动方案，审核并网设备的启动方案；负责专业并网验收与调试；参与现场查勘；参与接入系统方案和设计文件评审；参与合同的起草，并提供购售电合同相应的内容；参与光伏接入配套工程设计文件评审。

（6）负责编制接入系统方案；参与现场查勘；承担分布式光伏发电项目设计文件评审；参与项目接入配套工程设计文件评审。

（7）负责分布式光伏发电项目通信网络方案的审查；负责通信接入配套工程的组织实施；负责专业并网验收与调试；参与现场查勘；参与接入系统方案和设计文件评审；参与项目接入配套工程设计文件评审。

（8）负责确保项目接入配套工程物资采购与及时供应。

（9）负责国家补贴资金管理。地级市或县级电网企业每年9月30日前，负责将属地下年度可再生能源补助资金年度预算报送省电网企业。省电网企业审核汇总后于每年10月10日前报总部。电网企业总部负责按季向财政部请求拨付补助资金，并在收到财政部拨付补助资金后，及时拨付给省电网企业。省电网企业收到资金后及时拨付地级市或县级电网企业。地级市或县级电网企业负责在收到补助资金后，按照结算周期及时向项目业主（或电力用户）支付补助资金。

（二）并网服务流程分工

1. 接入申请受理

地级市或县级电网企业相关部门负责受理分布式电源接入申请，协助项目业主填写接入申请表，接收相关支持性文件和资料，并负责将接入申请资料存档，报电网企业发展部。相关部门通知经研院制定接入系统方案。

2. 接入系统方案确定

（1）经研院负责研究制定接入系统方案。接入系统研究内容深度按国家和电网企业有关要求执行，参考《分布式电源接入系统典型设计》。

（2）电网企业负责组织相关部门审定380 V接入项目接入系统方案，出具评审意见。组织相关部门审定35 kV、10 kV接入项目（对于多点并网项目，至少一个并网点为35 kV、10 kV接入）接入系统方案，出具评审意见和接入电网意见函。

（3）将380 V接入项目的接入系统方案确认单，或35 kV、10 kV接入项目的接入系统方案确认单、接入电网意见函告知项目业主，受理并安排接入系统方案咨询。

（4）对于380 V接入项目，项目业主确认接入系统方案后，电网企业负责将接入系统方案确认单及时抄送其他相关部门。项目业主根据确认的接入系统方案开展项目核准（或备案）和工程建设等工作。对于35 kV、10 kV接入项目，项目业主确认接入系统方案后，电网企业负责将接入系统方案确认单、接入电网意见函，及时抄送企业财务部、运检部、营销部、调控中心、信通电网企业，并报省电网企业发展部备案。项目业主根据接入电网意见函开展项目核准（或备案）和工程设计等工作。

（5）电网企业为自然人分布式光伏发电项目提供项目备案服务。对于自然人利用自有住宅及其住宅区域内建设的分布式光伏发电项目，电网企业发展部收到项目接入系统方案确认单后，根据当地能源主管部门项目备案管理办法，按月集中代自然人项目业主向当地能源主管部门进行项目备案，备案文件抄送电网企业财务部。

3. 接入系统工程建设

（1）地级市或县级电网企业负责公共电网改造工程建设（包括随公共电网线路架设的通信光缆及相应公共电网变电站通信设备改造等）。

（2）电网企业为公共电网改造工程建设开辟绿色通道。35 kV、10 kV接入项目，项目业主在项目核准（或备案）后，接入系统工程施工前，将接入系统工程设计相关资料提交地级市或县级电网企业。电网企业负责将接入系统工程设计相关资料存档，组织发展部、运检部、调控中心等部门（单位）审查接入系统工程设计，出具答复意见并告知项目业主、抄送调控中心。项目业主根据答复意见开展接入系统工程建设等后续工作。若审查不通过，提出修改方案。

4. 并网验收与调试

（1）地级市或县级电网企业负责受理项目业主并网验收及并网调试申请，协助项目业主填写并网验收及并网调试申请表，接收相关资料。

（2）相关部门负责并网验收及并网调试申请资料存档，并报电网企业财务部、调控中心、运检部。并网验收及并网调试申请受理后，安装关口计量和发电量计量装置。

（3）并网验收及并网调试申请受理后，对于380 V接入项目，办理与项目业主（或电力用户）关于购售电、供用电和调度方面的合同签订工作，签订的合同抄送企业财务部、调控中心，报省电网企业交易中心备案。对于35 kV、10 kV接入项目，购售电合同与调度协议同步签署，确定签署日期，并办理与项目业主（或电力用户）关于购售电和供用电方面的合同签订工作，签订的合同抄送电网企业财务部，报省电网企业交易中心备案，调控中心负责办理与项目业主（或电力用户）关于调度协议方面的签订工作。

（4）电能计量装置安装、合同与协议签订完毕后，对于380 V接入项目，组织相关部门开展项目并网验收及并网调试，出具并网验收意见，项目并网调试通过后直接转入并网运行。对于35 kV、10 kV接入项目，组织相关部门开展项目并网验收工作，出具并网验收意见，开展并网调试有关工作，项目调试通过后直接转入并网运行。若验收或调试不合格，提出整改方案。

（5）分布式电源涉网设备，应按照并网调度协议约定，纳入调控中心调度管理。分布式电源并网点开关（属用户资产）的倒闸操作，须经电网企业和项目方人员共同确认后，由电网企业相关部门许可。其中，35 kV、10 kV和380 V接入项目，由专门的相关部门确认和许可。

第三节　并网模式选择

一、并网模式

分布式电源的并网模式有“全部自用”“全额上网”和“自发自用、余电上网”三种模式。用户在并网申请时，根据自身特点，自行选择最适合的并网模式。

（1）“全部自用”模式是指分布式电源发电量全部由客户自用，不向电网输送。分布式电源发电量不满足客户用电需求时，由电网提供。

（2）“全额上网”模式是指分布式电源发电量全部输入电网。

（3）“自发自用、余电上网”模式是指分布式电源发电量先以满足客户用电需求为准，剩余电量向电网输送。分布式电源发电量不满足客户用电需求时，由电网提供。

二、补充管理规定

（一）消纳方式变更一般原则

对于利用建筑屋顶及附属场地建成的分布式光伏发电项目（不含金太阳示范工程等已享受中央财政投资补贴项目），发电量已选择为“全部自用”或“自发自用、余电上网”的，当用户用电负荷显著减少（含消失）或供用电关系无法履行时，允许其电量消纳模式变更为“全额上网”模式，由电力用户季节性暂停、临时性减容等引起用电负荷减少的，不进行并网模式变更。

（二）依托农业大棚等建设的光伏电站管理规定

对于在地面或利用农业大棚等无电力消费设施建设、以35 kV及以下电压等级接入电网、单个项目容量不超过20 000 kW且所发电量主要在并网点变电台区消纳的光伏电站项目，纳入分布式光伏发电规模指标管理，一般接入公用电网，上网电价执行光伏电站标杆上网电价，并网工作执行电网企业常规电源管理规定。

（三）项目变更业务办理一般原则

《国家能源局关于印发分布式光伏发电项目管理暂行办法的通知》（国能新能〔2013〕433号）第十三条规定：各级管理部门和项目单位不得自行变更项目备案文件的主要事项，包括投资主体、建设地点、项目规模、运营模式等。确需变更，由备案部门按照程序办理。供电企业根据政府主管部门变更后的新的备案文件（以下简称变更备案文件），重新开展并网服务。依据变更的主要事项，确定重新开展并网服务程序节点如下。

（1）变更投资主体。供电企业需根据项目业主提供的当地政府主管部门出具的变更备案文件，与用户（或项目业主）重新签订购售电合同、并网调度协议，并做好纸质档案、营销业务系统变更。

（2）变更建设地点。供电企业需根据项目业主提供的当地政府主管部门出具的变更备案文件，重新受理该项目的并网申请，重新进行接入系统设计等全程并网程序。

（3）变更项目规模。供电企业需根据项目业主提供的当地政府主管部门出具的变更备案文件，评估项目规模变更程度是否会引起接入系统方案改变（如接入电压等级、设备及保护配置等一次、二次方式变化），如项目规模只发生较小的变化，不影响接入系统方案变化，则需做好纸质档案、营销业务系统、购售电合同变更即可。如项目规模发生较大变化，引起了接入系统方案改变，供电企业则需重新受理该项目的并网申请，重新进行接入系统设计等全程并网程序。

（4）变更运行模式。供电企业需根据项目业主提供的当地政府主管部门出具的变更备案文件，重新受理该项目的并网申请，重新进行接入系统设计等全程并网程序。

（四）工程建设资质和设备要求

工程建设资质和设备要求如下。

（1）设计资质：分布式光伏发电项目并网系统的设计单位应具备国家、行业规定的设计资质要求，具体详见住房和城乡建设部出台的《工程设计资质标准》。可以登录中华人民共和国住房和城乡建设部网站（http://www.mohurd.gov.cn）查询并选择具备相应资质的设计单位。

（2）施工资质：分布式光伏发电项目并网系统的施工单位应具备国家、行业规定的设计资质要求。施工单位应具备承装（修、试）电力设施许可证、建筑业企业资质证书、安全生产许可证。承装（修、试）电力设施许可证的资质要求详见国家电力监管委员会出台的《承装（修、试）电力设施许可证管理办法》。

（3）设备要求：高压电气设备应具有国家、行业规定的型式试验报告。低压电气设备应具有国家、行业规定的3C认证报告。并网逆变器还应具有国家、行业规定的检测认证报告。

第四节　分布式光伏发电项目上网电费管理

一、分布式光伏发电项目结算原则

分布式光伏发电项目结算原则如下。

（1）符合申请补助目录的分布式光伏发电项目。在完成并网后，各级电网企业可按照合同签订的结算周期（原则上不超过两个月）进行上网电费和补助资金预结算，待财政部公布分布式光伏发电补助目录后清算。

（2）符合申请消纳模式变更的分布式光伏发电项目。在电网企业完成申请受理后，即可重新签订购售电合同，按合同结算周期、上网电量和光伏电站标杆上网电价进行上网电费预结算，待财政部公布可再生能源电价附加资金补助目录后进行清算。

（3）自然人分布式光伏发电项目由供电企业为其代开发票。根据《国家税务总局关于国家电网公司购买分布式光伏发电项目电力产品发票开具等有关问题的公告》的相关规定，供电企业从分布式光伏发电项目业主处购买电力产品，由供电企业开具普通发票。主管税务机关与供电公司签订委托代征协议，明确委托代征相关事宜。供电企业为发电户开具普通发票，商品品名统一为“分布式光伏发电”，方便检索的同时确保发电户能享受国家税收优惠政策。

二、分布式光伏发电项目电费管理流程

非自然人分布式光伏发电项目电费管理流程如图5-5所示。

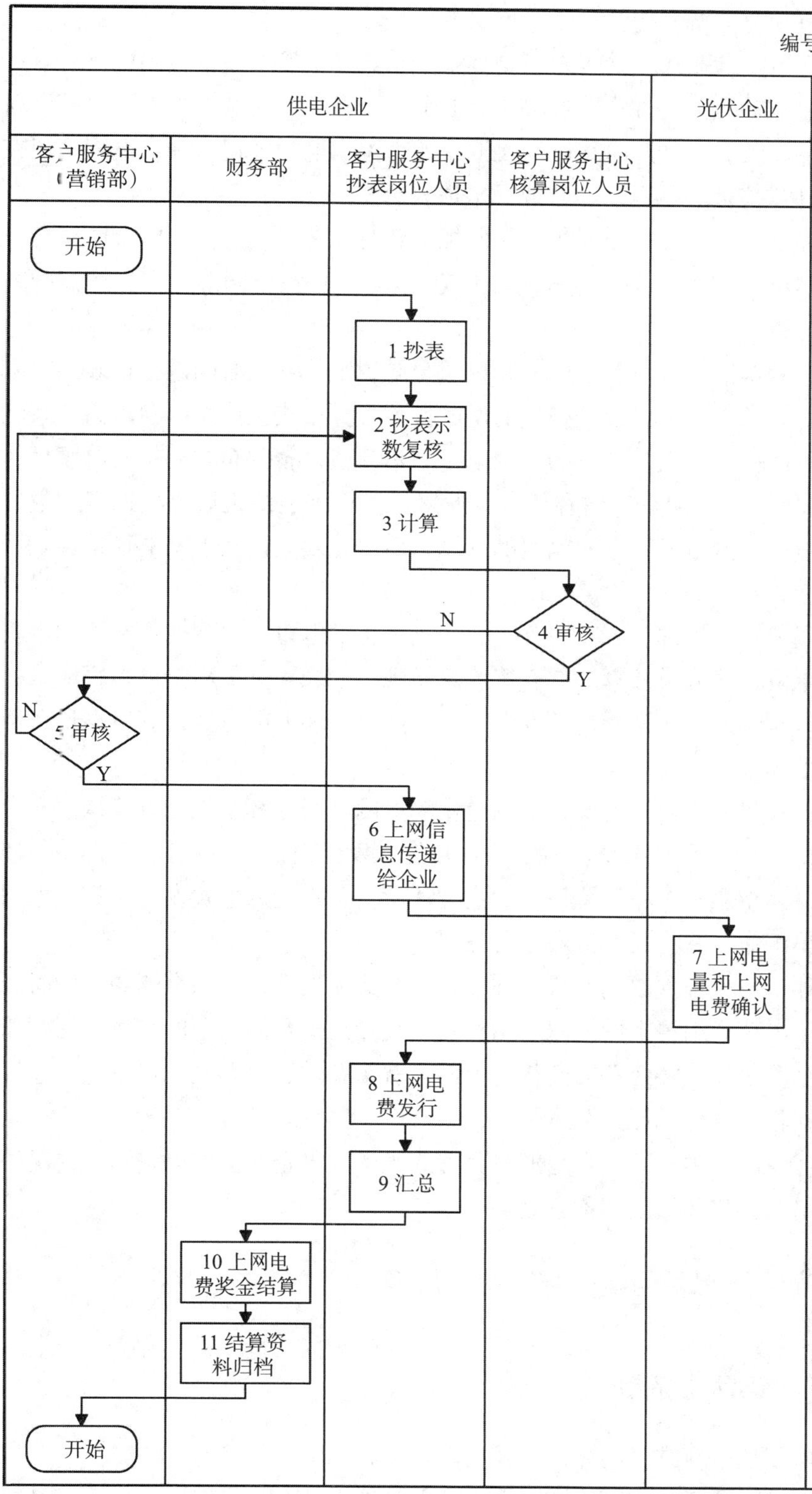

本流程归口部门为客户服务中心，流程开始。
1.客户服务中心抄表岗位人员按照《供用电合同》或《购售电合同》约定的抄表时间进行抄表。
2.客户服务中心抄表岗位人员复核抄表示数的正确性。
3.客户服务中心抄表岗位人员完成抄表后，进行上网电量和上网电费的计算，并核对计算的正确性。
4.客户服务中心抄表岗位人员将上网电量和上网电费的计算结果提交给电费核算人员审核。审核同意则转流程5。如有修改意见则转流程2。
5.客户服务中心电费核算人员完成审核后。抄表人员将上网电量和上网电费的计算结果再提交给综合室审核。审核同意则转流程6，如有修改意见则转流程2。
6.客户服务中心抄表岗位人员将上网电量和上网电费计算单据传递给分布式光伏发电企业办理确认手续。
7.分布式光伏发电企业对上网电量和上网电费计算结果进行确认。
8.客户服务中心抄表岗位人员负责地方电厂上网电费发行。完成上网电费正式结算和出单工作。
9.客户服务中心完成对上网电费结算情况的汇总，及时提交给财务部。
10.财务部收到双方确认一致的上网电费结算单、光伏企业提供的税务发票原件以后，在当月月底前向分布式光伏发电企业结清上网电费。
11.财务部完成上网电费结算之后，将经双方确认的上网电费结算单、光伏企业提供的税务发票、其他相关结算凭证等及时归档。
流程结束。

图5-5 非自然人分布式光伏发电项目电费管理流程

分布式光伏发电项目电费管理的具体流程如下。

（1）业务受理环节：营业厅负责告知新增客户分布式光伏发电项目适用税率获取渠道、流程，请客户签字确认后，在资料收齐3个工作日内将供应商电子版申请表及资料电子扫描件报财务部，若无误，及时将申请表汇总递交国家电网公司。国家电网公司在15个工作日内将新建供应商的编码反馈营业厅申请人员。

（2）合同签订环节：客户经理依据相关文件规定及时与客户签订购售电合同，分布式光伏发电项目参考《光伏电站购售电合同（示范文本）》，在合同双方充分协商的基础上，简化条款内容签订。

（3）抄表环节：营销部（客户服务中心）按照合同约定的抄表时间进行抄表。要求抄录产权分界点处计量的上网电量及并网点的发电量。若分布式光伏发电项目为“余电上网”模式，则计算产权分界点上计量的上网电量的累计值；若分布式光伏发电项目为“全部上网”模式，则计算并网点正向有功电量的累计值。抄表结束后要核抄表示数的正确性，进行发电量、上网电量和上网电费的计算，填写“发电量及上网电量结算电费审批单”。

（4）数据核算环节：营销部（客户服务中心）负责将发电量、上网电量和上网电费的计算结果提交给电费核算人员核算。如有修改意见则由抄表人员重新复核，完成核算后，由部门负责人审核，同时将审核后的发电量、上网电量和上网电费计算单据传送给项目业主办理确认手续。

（5）开票环节：项目业主对发电量、上网电量和上网电费计算结果进行确认，非自然人项目根据合同的约定，开具结算电费发票（自然人发票由供电企业代开），并传递至营销部。营销部（客户服务中心）待项目业主确认后，负责上网电费发行，完成上网电费正式结算和出单工作，并将发票传递至财务部。

（6）结算支付环节：财务部收到发票原件，确定开具无误后，按照合同约定的时间及时和分布式光伏发电企业结清上网电费，结算费用直接汇入合同约定的结算方银行账户；完成上网电费结算之后，将经双方确认的上网电费结算单、分布式光伏发电企业提供的税务发票、其他相关结算凭证等及时归档。

（7）营销部（客户服务中心）每月定期对分布式光伏发电企业上网电费结算情况进行汇总，及时提交给财务部和发展部备案。

三、分布式光伏发电项目电费结算操作规范

（一）操作步骤及注意事项

分布式光伏发电项目电费结算的操作步骤及注意事项如下。

（1）分布式光伏用户备案：进入电价管理/可再生能源管理/基础信息/补助目录管理模块。

（2）填写发电设备投产时间、设计年发电量、预计年发电量、自发自用比例、电价类别（选择燃煤）、标杆电价、中央补助标准、银行联行号、对应往来单位等信息。

注意事项如下。

①营销系统推送数据一定要有项目业主身份证号码。

②项目备案容量单位为kW；设计年发电量、预计年发电量的单位为MW·h。

③自发自用比例要与发电量意向消纳方式相符。如全部上网其自发自用比例为0。

④“自发自用、余电量上网”方式其自发自用比例一定有数值，必须与营销系统登记推送数据一致。

⑤对应往来单位（供应商）建立完成后一般为D0017×××等数据，不要选择其他数据。

⑥银行联行号及银行账户信息一定要与营销系统核对、核实，信息不符严禁上报备案。

（3）建立供应商信息。

建立供应商信息需要提供如下资料。

①自然人：自然人身份证复印件；“自然人分布式光伏发电项目备案登记表”及“自然人分布式光伏补助资金目录申请表”（电子表）；用户账户银行联行号等资料信息。

注：自然人两张表的签批手续由发展部专责具体负责办理，各应单位应及时跟踪，手续完成后在财务部留存备案；上述资料不全，严禁在系统向财务推送数据，否则会引起省公司考核。

②非自然人：非自然人三证复印件；“非自然人分布式光伏发电项目备案登记表”及“非自然人分布式光伏补助资金目录申请表”（两张表均应签章手续齐全）；用户账户银联号等资料信息。

注：上述资料必须提供电子版及纸质版；上述资料不全，严禁在系统向财务推送数据，否则会引起省公司考核。

将自然人身份证复印件、非自然人三证复印件扫描件（一定要为JPEG格式）第一时间同步发送至财务部，由其在系统平台建立供应商信息。

一定要确保用户名、银行联行号、开户银行、对应往来单位信息相互一致性、正确性。信息应与营销系统数据核对无误，否则无法建立供应商信息及后续付款，导致工作被动、复杂。

（4）建立非自然人基础信息。

建立非自然人基础信息的注意事项如下。

①补贴是否纳入目录库，如果没有进入补贴目录库，要在管控系统选择“否”。

②该用户如果能开具增值税专用发票，营销系统开具的发票类型选择为增值税发票，税率按照用户开具的发票票面税率填写建立；如果为增值税普通发票或普通发票用户，营销系统开具的发票类型选择为普通发票，税率选择为0。

③税率在营销系统和管控系统中填报一致并且正确。

注：非自然人用户要求其开具增值税专用发票，特殊情况下除外。

（5）自然人基础信息建立时“是否纳入目录库”选择“是”。

（6）上述信息等建立核实无误后，单击“保存”按钮，保存后再单击“上报”按钮，该模块业务端工作结束。

（二）项目结算

（1）分布式光伏购电成本确认。

①进入电价管理/可再生能源管理/项目结算/结算信息确认。将系统数据与线下分布式光伏成本费用报销单后附的结算表明细单位进行核对。

②无误后勾选，单击“审核通过”按钮，单据进入已确认。

（2）注意事项。

①审核过程中，如果发现有红色标记或黄色标记的记录，要注意查看其信息是否正确。

②审核推送完成后，可进入已确认菜单，查看推送数据是否准确无误，可再次核对信息。

③不得单击进入电价管理/可再生能源管理/项目结算/结算业务模块。

（3）在实际工作中，各营销单位最好协同工作，须一家推送完毕审核无误，生成购电成本后，再另行推送另一家。

（4）项目结算业务前端只在“电价管理/可再生能源管理/项目结算/结算信息确认”菜单中操作，其他业务模块不得进入及操作。该业务建立核实无误后，单击“审核通过”后该模块业务端工作结束。

（5）各营销单位推送数据一定要注意应付电费税额（营销），确保其税额与用户发票一致，如有不一致情况，一是查看供应商信息备案营销推送税率是否正确；二是营销推送税率前期错误，后期又修正，则存在时间差问题，此时需手动修改税额。

（6）非自然人结算时注意：

①要注意标杆电费（营销）中的成本与税额需严格按照正确的标杆电价计算，同时要求用户开具的发票价税合计数要与系统数据核对，保持一致。

②在项目结算单据中还要维护补贴电费（营销）数据，要进行成本和税额分解，要进行补贴电费数据维护。

（三）资金拨付

（1）分布式光伏资金支付。

①进入电价管理/可再生能源管理/资金拨付/补助资金支付。

②供应商再次核对，必须为D0017×××等数据。

③核对无误后点击“发起支付”按钮，推送单据。

（2）进入分布式光伏支付业主申请单。

①填报部门选择各自所在单位。例如：国网陕西省电力公司宝鸡供电公司×××客户服务分中心；国网陕西省电力公司宝鸡供电公司×××区客户服务分中心等。

②支付摘要：自然人，如付蔡家坡分中心分布式光伏电费；非自然人为付××用户分布式光伏电费。

③收款人信息要再次核对，看是否正确。

④支付用途：购电费。

⑤是否同城：自然人选择“否”，非自然人一般选择“否”，如果为西安用户则选择“是”。

⑤是否同行，选择“否”。

⑦是否紧急，选择“是”；是否电子支付，选择“是”。

⑧是否系统内，选择“否”；如果收款人账户为中国电力财务有限公司，则选择“是”。

⑨是否境内，选择“是”。

注：如果用户为先行集团有限公司，要根据实际情况判断进行选择。

（3）分布式光伏支付业主申请单完成，无误后推送单据，选择开支与应付会计为财务部电费电价管理专责。通过后该模块业务端工作结束。

（4）注意事项如下。

①分布式光伏资金支付时一定先将成本结算完成（也就是应付账款挂账）后，方可进行付款业务开展工作。

②各种付款信息选项，一定要选择正确。

③如果分布式光伏支付单据有问题想回上一级，则在系统初始界面，进入已完成单据，单击“作废”按钮即可。

（四）分布式光伏资金预算

分布式光伏资金预算的相关内容如下。

（1）给用户付分布式光伏电费，必须于上月20号之前在各自业务部门资金专责处申请资金预算，注明为分布式光伏电费，本月办理客户上网电费结算及付款报账资料，财务在当月才能付款到位，将客户上网电费清算结零。切记，资金预算申请必须和实际付款几乎无差异。

（2）要求每月20号前完成分布式光伏资金预算申请工作；次月2号前完成“分布式购电费费用审批单”和“资金支付审批单”线上、线下核对工作；核对无误后，5号前完成“分布式购电费费用审批单”和“资金支付审批单”线下纸质资料签批工作；8号前完成分布式购电费费用审批线上流转工作，即完成项目结算工作；10号前完成资金支付审批线上流转工作，即完成资金拨付工作。

（五）分布式光伏资金支付退款重付

1. 当月可重付业务

由出纳将单据退回至首岗位，用户信息更改正确后（如备案信息更新等），单击“保存”按钮后，由其发起支付单据。

2. 当月收回退款，下月支付业务

次月开展付款业务，由业务前端单独办理资金支付手续，具体流程如下。

（1）进入资金管理/资金支付/资金支付申请模块。

（2）单击“资金申请/支付申请”，选择其他支出模块中的“标准流程—省、市公司—月度其他支出申请”。

（3）填报部门选择各自所在单位，如国网陕西省电力公司宝鸡供电公司×××客户服务分中心；国网陕西省电力公司宝鸡供电公司×××区客户服务分中心等。

（4）单击“关联”，关联上月资金预算。

分布式光伏资金支付退款重付重点强调事项如下。

（1）非自然人基础信息建立时注意事项。

①补贴如果没有进入补贴目录库，要在管控系统选择“否”。如果选择错误，在结算和付款环节将会报错，无法挂账和付款。

②用户如果为增值税普通发票或普通发票用户，营销系统开具的发票类型选择为普通发票，税率要选择为0，财务系统税率也要选择为0。

③必须先完成用户基础信息建立、完善、更新工作，否则后续工作无法开展。

（2）非自然人结算时注意事项。

要求用户开具的发票价税合计数要与系统数据核对，保持一致，不要出现偏差。

第五节　分布式光伏发电项目电费结算规范化要求

一、自然人分布式光伏发电项目电费结算要求

自然人分布式光伏发电项目电费结算要求如下。

（1）自然人发票开具税率标准：根据《国家税务总局关于国家电网公司购买分布式光伏发电项目电力产品发票开具等有关问题的公告》，国家电网公司所属企业从分布式光伏发电项目发电户处购买电力产品，可由国家电网所属企业开具普通发票，自然人分布式光伏发电项目普通发票由电网企业代开并进行财务处理，发票税率为0。

（2）自然人分布式光伏发电项目业主直接向所在地电网企业营销部（客户服务中心）申请办理并网接入意见函，所在地电网企业发展策划部负责向能源主管部门申请项目建设备案，在完成并网验收后，电网企业代办申请纳入分布式光伏发电补助目录。根据凭证管理以及光伏电费结算的规定，自然人分布式光伏发电项目要求营销部打印《分布式电源电量结算清单》提交到财务部门，并需与财务管控系统中的凭证保持一致。每月15日前，营销部开具自然人分布式光伏发电项目普通发票，连同对应的结算单审核盖章后移交财务部。

（3）财务部负责审核自然人分布式光伏发电项目的系统结算数据、纸质结算单以及发票金额的一致性，若结算数据审核无误，进行相应的会计处理。

（4）每月25日前，财务部应通过转账方式及时支付当月自然人分布式光伏发电项目应付的上网电费和补助资金。

二、非自然人分布式光伏发电项目电费结算要求

非自然人分布式光伏发电项目电费结算要求如下。

（1）非自然人发票开具税率标准：非自然人分为小规模纳税人和一般纳税人，小规模纳税人的发票税率为3%，一般纳税人增值税率为17%。

（2）非自然人分布式光伏发电项目单位，按有关规定取得所在地能源主管部门出具的项目建设备案意见、电网企业出具的接入意见函，在具备并网条件后，向电网企业申请并网验收，同时申请纳入分布式光伏发电补助目录。若未取得项目建设备案意见，不能申请纳入分布式光伏发电补助目录。

（3）每月非自然人分布式光伏发电项目电费发行后，电费室应及时将结算数据告知客户，并通知、指导客户按时规范开具增值税专用发票。

（4）每月最后1个工作日结束前，财务部负责审核非自然人分布式光伏发电项目的系统结算数据、纸质结算单以及发票金额的一致性，若结算数据审核无误，进行相应的会计处理。

（5）每月25日前，财务部应通过转账方式及时支付上月非自然人分布式光伏发电项目应付的上网电费和补助资金。

三、分布式光伏发电项目电费结算操作规范

（一）客户的下网电费

客户的下网电费包括以下内容。

1. 电度电费

按客户各用电类别结算电量乘以对应的电度电价。

下网电费=下网电量×国家规定的销售电价（含税）。

客户减容、暂停和恢复用电按《供电营业规则》有关规定办理。

2. 功率因数调整电费

功率因数调整电费的考核标准按照国家《功率因数调整电费办法》的相关规定执行。

（二）客户的上网电费

上网电费＝上网电量×对应的上网电价（含税）。

（三）电费支付及结算

双方可参照《电费结算协议》的格式另行订立电费结算协议，作为合同的附件。按照上网电量、下网电量和国家规定的上网电价、销售电价分别计算购、售电费。

习　　题

客观题

1.（单选题）公司在受理并网验收及并网调试申请后，（　　）个工作日内完成关口计量和发电量计量装置安装服务，并与380 V接入的项目业主（或电力用户）签署关于购售电、供用电和调度方面的合同；与35 kV、10 kV接入的项目业主（或电力用户）同步签署购售电合同和并网调度协议。

A. 3　　B. 5　　C. 7　　D. 0

2.（单选题）公司在电能计量装置安装、合同和协议签署完毕后，（　　）个工作日内组织并网验收及并网调试，向项目业主出具并网验收意见，项目并网调试通过后直接转入并网运行。

A. 3　　B. 5　　C. 10　　D. 15

3.（单选题）分布式电源并网点开关（属用户资产）的倒闸操作，须经（　　）确认后，由地市公司相关部门许可。

A. 省公司　　B. 地市公司

C. 项目方人员　　D. 地市公司和项目方人员共同

4.（单选题）对于自然人利用自有住宅及在其住宅区域内建设的分布式光伏发电项目，由（　　）负责向当地能源主管部门进行项目备案。

A. 自然人　　B. 自然人委托发电项目主体

C. 供电企业　　D. 以上都不是

5.（多选题）在进行35 kV、10（20）kV分布式光伏并网服务流程时，项目业主需要提供的资料包括（　　）。

A. 经办人身份证原件及复印件

B. 法人委托书原件（或法定代表人身份证原件及复印件）

C. 企业法人营业执照、土地证

D. 政府电网相关资料

6.（多选题）分布式光伏发电项目电费结算税率时，发票的税率根据纳税人的类型分为自然人税率、小规模纳税人税率和一般纳税人税率，它们分别为（　　）。

A. 0%　　B. 3%　　C. 5%　　D. 17%

7.（填空题）自然人发票开具税率标准，发票税率为（　　）。

8.（填空题）电网企业依照国家、行业、企业标准以及答复的接入系统方案对设计资料进行审查，并在受理项目业主申请后（　　）个工作日内出具评审意见。

9.（判断题）分布式电源项目所采用的逆变器、旋转电机应通过国家认可资质机构的检测或认证。（　　）

A. 是　　B. 否

10.（判断题）分布式电源发电量可以全部自用或自发自用、余电上网，由发购电双方协商确定，用户不足电量由电网提供；上、下网电量分开结算，电价执行国家相关政策；公司免费提供关口计量表和发电量计量用电能表。（　　）

A. 是　　B. 否

简答题

1. 如何向电网公司申请分布式光伏发电系统接入？

分布式光伏发电项目业主在准备好资料后向电网公司地级市或县级客户服务中心提交接入申请，客户服务中心协助项目业主填写接入申请表，接入申请受理后在电网公司承诺的时限内，客户服务中心将通知项目业主确认接入系统方案，项目建成后业主向客户服务中心提出并网验收和调试申请，电网企业将完成电能计量装置安装，购售电合同及调度协议签订，并网验收及调试工作，之后项目即可并网发电。

2. 分布式光伏发电系统申请接入是否需要费用？个人和企业申请分布式光伏并网各需要什么资料，流程分别是什么？

电网公司在并网申请人受理、接入系统方案制定、接入系统工程设计审查、计量装置安装、合同和协议签订、并网验收和并网调试、政府补助电量计量和补助资金结算服务中，不收取任何费用。

自然人和法人申请分布式光伏并网分别需要如下资料：

①自然人申请需提供经办人身份证及复印件、户口本、房产证等项目合法支持性文件；

②法人申请需提供经办人身份证及复印件和法人受托书原件（或法定代表人身份证原件及复印件），企业营业执照、土地证等项目合法性支持文件，政府投资主管部门同意项目开展前期工作的批复（需核准项目），项目前期工作相关资料。

3. 分布式光伏并网需要考虑什么问题？

分布式光伏并网需考虑安全、光伏配置、计量和结算方面的问题。

①在安全方面，考虑并网点开关是否符合安全要求、设备在电网异常或故障时的安全性能否在电网停电时可靠断开以保证人身安全。

②在光伏配置方面，考虑光伏容量的配置、主要设备选择、接入点的选择、系统监测控制功能的实现、反孤岛装置的配置安装等。

③在计量和结算方面，考虑计费和结算方式，上网电价情况，获得电价补贴所需的材料、数据及流程等。

4. 设计工程师在根据客户要求进行系统设计时，需要客户提供哪些资料？

系统设计时要求客户提供的资料分为必选项和可选项部分。必选项部分包括项目安装地点、建筑周围环境、建筑建设年份、屋顶类型、屋顶载荷、接入电压等级和屋顶照片等；可选项部分包括平均每月用电量、屋顶板结构、CAD图纸、屋顶表面情况、电表箱照片等，当然可选部分填写得越详细越有助于更加合理地进行优化设计，更好地提高发电量。

5. 试述公司在分布式电源并网服务的哪些环节不收取服务费用？

公司在并网申请受理、项目备案、接入系统方案制定、接入系统工程设计审查、计量装置安装、合同和协议签署、并网验收和并网调试、补助电量计量和补助资金结算服务中，不收取任何服务费用。

【答案】

1. D	2. C	3. D	4. C	5. ABC	6. ABD
7. 0%	8. 10	9. A	10. B		

第六章

低压分布式光伏并网项目验收要点

第一节　低压分布式光伏并网验收

低压分布式光伏发电项目现场施工完毕后，需要向供电部门提出验收申请，经供电部门验收合格后并入电网运行。

一、核对并网基础资料

低压分布式光伏发电项目并网验收需核对以下资料。

（1）核对客户现场施工及并网方案是否与供电部门书面答复的接入方案一致。

（2）审核客户提供的施工单位资质材料是否合乎下列要求。

①客户委托施工范围限于客户产权部分设施。

安装容量100 kW及以下可委托专业技术人员施工的小型项目，应提供安装施工人员的电工进网作业许可证；100 kW以上、400 kW以下容量应委托施工企业进行施工建设的项目，提供施工单位资质证书复印件，包括营业执照及承装（修、试）电力设施许可证。供电公司验明上述证件原件，复印件加盖公章存档备查。

安装施工者对安装施工质量承担相应责任。

②审核客户提供的主要设备技术参数、型式认证报告或质检证书是否完备，设备包括光伏组件、并网逆变器、汇流箱、断路器、刀闸等设备。

③100 kW以上、400 kW以下容量的项目，客户并网前审核其工程调试报告、工程验收报告。

二、涉及并网安全运行的关键项目验收

涉及并网安全运行的关键项目验收内容如下。

（1）光伏组件直流输出到逆变器，应安装直流断路器，满足遮断容量的要求。原则

上不允许组件输出直接接入逆变器。

（2）要求光伏并网点、接入点处低压断路器与隔离开关串联使用。断路器用来切合正常负荷电流、断开短路电流，隔离开关起明显断开点作用。

（3）并网逆变器直流输入、交流输出侧均应配置防浪涌保护装置或元件，防止雷电及各类感应冲击波对逆变器的损害。

（4）分布式电源接入容量超过本台区配变额定容量的25%时，配变低压侧刀熔总开关应改造为低压总开关。

（5）系统停电失压时，并网逆变器应可靠与电网断开，杜绝孤岛运行方式，这主要依靠逆变器的失压跳闸功能实现。

（6）光伏并网点开断设备要易操作，具有明显开断指示，具有开断故障电流的能力。

（7）接有分布式电源的配电台区，不得与其他台区建立低压连接（配电室、箱式变低压母线间连接除外）。

（8）低压380（220）V并网光伏发电系统应配备完善的工作接地及保护接地。光伏组件外壳、逆变器、汇流箱等均应可靠接地，接地电阻值不得大于4 Ω。

（9）光伏组件与汇流箱之间连接用的直流导线应采用专用光伏电缆，其绝缘耐压等级应与直流输出电压相匹配。

（10）汇流箱及配电箱内连接导线推荐使用塑铜线，并网电缆可使用铝导线。铜、铝导线连接时，应采用过渡铜铝线卡或线鼻子压接。

（11）并网系统所安装的断路器应当注意电源侧与负荷侧的连接方向。对于并网连接线系统侧安装的断路器，其输入侧连接外部电源，输出侧连接负荷或负荷母线；对于并网逆变器交流输出端断路器，其输入侧连接逆变器，输出侧连接负荷或负荷母线。

（12）光伏并网客户，应当在公共连接点处设置明确的电源标识。

（13）其他运行管理规章制度、安全制度、运行准备资料、运行规程等事项，参照普通客户启动送电前的程序办理。

三、计量验收

计量验收内容如下。

（1）对于采用“全额上网”方式的低压380（220）V光伏并网客户，可配置一块多功能双向电能表，原则上安装于产权分界点，既用于计量发电量，也用于计量上、下网电量。

（2）对于采用“自发自用、余电上网”的低压380（220）V光伏并网客户，供电公司在两个点配备计量装置。在发电量汇总处配置多功能电能表，用于计量发电量；在产权分界点处安装多功能双向电能表，用于计量上、下网电量。

客户可自行在用电负荷总开关处配置电能表，用于计量客户的总用电量。

（3）对于采用“全部自用”方式的低压380（220）V光伏并网客户，在发电量汇总处配置多功能电能表，用于计量总发电量；在产权分界点处安装多功能电能表，用于计量总下网电量。

（4）在并网逆变器交流输出处安装的用于计量发电量的电能表，其有功功率输入方向以逆变器流出为正方向；对于产权分界点处安装的计量上、下网电量的电能表，其有功功率输入方向以公用电网流入客户侧为正方向。

（5）以上计量装置的配置应满足现行计量规程的要求，具备电能信息采集功能，所计量电量接入用电信息采集系统。

（6）为便于供、用双方抄表检查，可将发电量电能表二次接线适当延长，将电能表引出安装到适当位置。

四、电能质量指标验收

电能质量指标验收内容如下。

（1）分布式电源向当地交流负载提供电能和向电网送出电能的质量，在谐波、电压偏差、三相电压不平衡、电压波动和闪变等方面，应满足GB/T 14549—1993、GB/T 24337—2009、GB/T 12325—2008、GB/T 15543—2008、GB/T 12326—2008的有关规定。现阶段不具备检测条件的情况下，可提出原则要求。

380 V电压等级并网后，电压偏差值小于额定电压的7%；220 V电压等级并网后，电压偏差值小于额定电压的−7%～10%。

（2）通过380 V电压等级并网的分布式光伏发电系统应保证并网点处功率因数在0.95以上。具备条件的情况下，可以考虑对低压380（220）V并网分布式光伏发电项目电能质量进行抽检。

五、其他验收注意事项

除上述验收内容外，验收时还应注意以下事项。

（1）低压380（220）V分布式光伏并网验收应尽可能选择在系统侧正常供电、晴天光照条件好的工作日，便于在验收完毕，做好安全措施后，带电试并网。

（2）带电试并网主要核对以下事项：

①并网开关送电后，在预先设定的时限内，并网逆变器应自动检测电网电压、幅值、相位角，实现自动并网；

②并网后，运行几分钟，查看并网点电压偏差值、并网点功率因数是否符合规定；

③断开并网开关，观察并网逆变器是否在0.2 s之内自动断开脱离电网。

（3）验收完毕后，参加验收的人员按照职责分工签署验收意见。验收合格后，办结相关手续正式并网送电。

以上条款，如与国家相关规程、上级政策规定有不一致之处，以国家相关规程、上级政策规定为准。

为便于现场使用，可以以表单的格式汇集以上验收要点，见表6-1。

表6-1　验收要点

<table>
<tr><td colspan="7">低压分布式光伏（400 kW以下）并网项目验收表单</td></tr>
<tr><td rowspan="2">验收项目</td><td colspan="3">验收内容及要求</td><td rowspan="2">判断标准</td><td rowspan="2">是(√)否(×)</td><td rowspan="2">整改意见</td></tr>
<tr><td>序号</td><td colspan="2">核对项目</td></tr>
<tr><td rowspan="3">施工方资质</td><td>1</td><td>资质材料</td><td>100 kW及以下项目</td><td>承揽安装施工人员的电工进网作业许可证</td><td></td><td></td></tr>
<tr><td rowspan="2">2</td><td rowspan="2">资质材料</td><td rowspan="2">100 kW以上、400 kW以下项目</td><td>承装（修、试）电力设施许可证</td><td></td><td></td></tr>
<tr><td>施工单位营业执照、组织机构代码证</td><td></td><td></td></tr>
</table>

续表

验收项目	验收内容及要求		判断标准	是(√)否(×)	整改意见
	序号	核对项目			
并网基础资料	3	供电方案核对	核对现场施工及并网方案与供电部门书面答复接入方案是否一致		
	4	100 kW及以下项目	提供主要设备技术参数、型式认证报告、质检证书、产品合格证，设备包括光伏组件、并网逆变器、汇流箱、断路器、刀闸等设备		
	5	100 kW以上、400 kW以下项目	提供主要设备技术参数、型式认证报告、质检证书、产品合格证，设备包括光伏组件、并网逆变器、汇流箱、断路器、刀闸等设备		
			单位工程调试报告、单位工程验收报告		
涉及安全的关键项目验收	6	直流开关配置情况	光伏组件直流输出到逆变器，应当安装直流断路器，并满足遮断容量的要求。原则上不允许组件输出直接接入逆变器		
	7	逆变器输出开关配置	并网逆变器交流输出端交流断路器与隔离开关串联使用，断路器切合正常负荷电流与短路电流，隔离开关起明显断开点作用		
	8	接入点并网开关配置	低压断路器与隔离开关串联使用，易操作，具有明显开断指示，具有开断故障电流的能力		
	9	防雷防浪涌	并网逆变器直流输入、交流输出侧均应配置防浪涌保护装置或元件，防止雷电及各类感应冲击波对逆变器及其他设备的损害		
	10	配变低压总开关配置	分布式电源接入容量超过本台区配变额定容量的25%时，配变低压侧刀熔总开关应改造为低压总开关		
	11	防孤岛措施	依靠逆变器失压跳闸功能实现		
	12	台区连接情况核对	接有分布式电源的配电台区，不得与其他台区建立低压连接（配电室、箱式变低压母线间连接除外）		
	13	接地情况核对	低压380（220）V并网光伏发电系统应配备完善的工作接地及保护接地。光伏组件外壳、逆变器、汇流箱等均应可靠接地，接地电阻值不得大于4 Ω		

续表

<table>
<tr><th rowspan="2">验收项目</th><th colspan="3">验收内容及要求</th><th rowspan="2">判断标准</th><th rowspan="2">是(√)
否(×)</th><th rowspan="2">整改意见</th></tr>
<tr><th>序号</th><th colspan="2">核对项目</th></tr>
<tr><td rowspan="4">涉及安全的关键项目验收</td><td>14</td><td colspan="2">配线要求</td><td>光伏组件到汇流箱之间联络用的直流导线应采用专用光伏电缆，其绝缘耐压等级应与直流输出电压相匹配；
汇流箱及配电箱内连接导线推荐使用塑铜线，并网电缆可使用铝导线，铜铝导线连接时，应采用过渡铜铝线卡或线鼻子压接</td><td></td><td></td></tr>
<tr><td>15</td><td colspan="2">断路器接线方向核对</td><td>并网系统所安装的断路器应当注意电源侧与负荷侧的连接方向。对于并网连接线系统侧安装的断路器，其输入侧连接来自外部电网的电源，输出侧连接负荷或负荷母线：对于并网逆变器交流输出端安装的断路器，其输入侧连接逆变器，输出侧连接负荷或负荷母线</td><td></td><td></td></tr>
<tr><td>16</td><td colspan="2">公共连接点</td><td>光伏并网客户，应当在公共连接点处设置明确的电源标识</td><td></td><td></td></tr>
<tr><td>17</td><td colspan="2">其他要求</td><td>其他运行管理规章制度、安全制度、运行准备资料、运行规程等事项，参照普通客户启动送电前的程序办理</td><td></td><td></td></tr>
<tr><td rowspan="5">计量验收</td><td>18</td><td rowspan="3">上网方式</td><td>全额上网</td><td>配置一块多功能双向电能表，原则上安装于产权分界点，既用于计量发电量，也用于计量上、下网电量</td><td></td><td></td></tr>
<tr><td>19</td><td>自发自用、余电上网</td><td>供电公司在两个点配备计量装置。在发电量汇总处配置多功能电能表，用于计量发电量；在产权分界点处安装多功能双向电能表，用于计量上、下网电量</td><td></td><td></td></tr>
<tr><td>20</td><td>全部自用</td><td>在发电量汇总处配置多功能电能表，用于计量总发电量；在产权分界点处安装多功能电能表，用于计量总下网电量</td><td></td><td></td></tr>
<tr><td>21</td><td colspan="2">表计功率流向</td><td>在并网逆变器交流输出处安装的用于计量发电量的电能表，其有功功率输入方向以逆变器流出为正方向；对于产权分界点处安装的计量上、下网电量的电能表，其有功功率输入方向以公用电网流入客户侧为正方向</td><td></td><td></td></tr>
<tr><td>22</td><td colspan="2">其他要求</td><td>计量装置的配置应满足现行计量规程的要求，具备电能信息采集功能，所计量电量接入用电信息采集系统。为便于供电公司抄表检查，可将发电量电能表二次接线适当延长，将电能表引出安装到适当位置</td><td></td><td></td></tr>
</table>

续表

验收项目	验收内容及要求		判断标准	是(√)否(×)	整改意见
	序号	核对项目			
电能质量验收	23	电能质量原则要求	在谐波、电压偏差、三相电压不平衡、电压波动和闪变等方面，应满足GB/T 14549—1993、GB/T 24337—2009、GB/T 12325—2008、GB/T 15543—2008、GB/T 12326—2008的有关规定		
	24	电压偏差	380 V电压等级并网后，电压偏差值小于额定电压的7%；220 V电压等级并网后，电压偏差值小于额定电压的–7%～10%		
	25	功率因数	通过380 V电压等级并网的分布式光伏发电系统应保证并网点处功率因数在0.95以上		
带电试验收	26	试并网日期选择	低压380（220）V分布式光伏并网验收应尽可能选择在系统侧正常供电、晴天光照条件好的工作日，便于在验收完毕，做好安全措施后，带电试并网		
带电试并网	27	核对可否正常并网	并网开关送电后，在预先设定的时限内，并网逆变器应自动检测电网电压、幅值、相位角，实现自动并网		
	28	初步核对并网后的运行数据	并网后，运行几分钟，查看并网点电压偏差值、并网点功率因数是否符合规定		
	29	失压脱网状况	断开并网开关，观察并网逆变器是否在0.2 s之内自动断开脱离电网		
验收结论					

第二节　380/220 V低压分布式光伏并网防倒送电措施

目前分布式光伏并网数量最庞大的群体是以自然人为代表的小规模客户。这类客户一般缺乏电力专业知识，其用电及并网安全管理基础较为薄弱。

在电网停电的情况下，380/220 V低压分布式光伏发电系统并网应当确保不对电网倒送电。为了切实做到这一点，应当采取必要的安全措施。

一、光伏并网关键术语

下列关键术语以国家电网公司《分布式电源接入配电网设计规范》的表述为准。

（一）公共连接点

公共连接点指用户系统（发电或用电）接入公用电网的连接处。

（二）并网点

对于有升压站的分布式电源，并网点为分布式电源升压站高压侧母线或节点；对于无升压站的分布式电源，并网点为分布式电源的输出汇总点。

（三）接入点

电源接入电网的连接处，该电网既可能是公共电网，也可能是用户电网。

二、380/220 V低压分布式光伏并网倒送电的危害

380/220 V低压分布式光伏发电系统采用并网逆变器并网。对于所有的电源运维管理，从事电力生产一线的技术人员，本能的第一反应就是会不会倒送电？所谓倒送电，就是指公用电网因故停电后，并网电源电压沿着并网线路送出，给在线路上的工作人员带来人身安全隐患。

理论上，这种可能性不能排除。但实际上并网逆变器及配套的并网开关在设计、配置安装时，已经考虑了足够的防止倒送电措施，因此可以有效防止倒送电。

三、防止倒送电的技术措施

（一）采用带欠压脱扣功能的断路器作为并网开关

1. 带欠压脱扣功能的断路器

其脱扣原理为：欠电压继电器或脱扣器与开关电器组合在一起，当外施电压下降，甚至缓慢下降至额定电压的35%～70%时，与开关组合在一起的欠电压继电器和脱扣器动作，使断路器断开。

2. 零电压（失压）脱扣器

零电压（失压）脱扣器是一种特殊形式的欠压脱扣器，其动作电压通常整定为额定（电源）电压的10%～35%。

当外施电压低于欠电压继电器或脱扣器的额定电压的35%时，欠电压继电器或脱扣器应防止断路器闭合。当电源电压等于或高于其额定电压的85%时，欠电压继电器或脱扣器应保证断路器能闭合。

3. 欠压段参数设置

需要说明的是：欠压脱扣器技术参数中表明其在额定电压的35%～70%范围内能可靠动作，它设定了一个欠压段，供用户在不同的用电环境使用。但在电压波动过大的场合，如果设置欠压脱扣器的电压过高，会引起开关频频动作，可能影响正常供电。

此外电机启动会引起电网电压波动。一般7.5 kW以下的电机都是直接启动，如果一个用电客户侧这样的电机较多，启动频繁，必然会导致电压波动幅度偏大，容易引起欠压脱扣器误动作。为了避免这类情况发生，一般情况下，建议将欠压脱扣器动作电压设置在低挡，仅在电压很低或无电压时脱扣，避免电压波动导致并网断路器频繁误动停电。

（二）普通断路器与交流接触器串联使用，作为并网开关

与普通低压断路器相比，欠电压脱扣断路器应用场合较少，市场上不容易买到。从方便客户的角度考虑，可以将普通断路器与交流接触器串联，共同作为并网开关使用。

（1）断路器用来切断正常工作电流，起短路保护作用。

（2）交流接触器判断电网是否有电，实现自动合闸与自动分闸。

交流接触器的控制线圈电压取自公用电网，电网有电时，控制线圈持续带电，确保交流接触器主回路接通；电网无电时，控制线圈失压，交流接触器主回路断开，与公用电网自动断开。

（三）并网点配备手动操作的低压隔离开关

电力系统为了防止倒送电，要求并网联络断路器与隔离开关串联配合使用。其操作顺序如下。

（1）合闸时，先把隔离开关合上，然后合上断路器。

（2）分闸时，先断开断路器，再断开隔离开关。

当公用电网停电后，这种配置方式要求必须人工操作拉开隔离开关，以确保分布式电源与电网连接处有明显的断开点。鉴于电网断电后，人工操作隔离开关时间上必然有所滞后，建议欠电压脱扣断路器与隔离开关配合使用。这样，电网停电后，即使忘记拉开隔离开关，由于低电压脱扣断路器处于分闸状态，光伏并网逆变器输出点与电网是断开的，虽然没有明显断开点，但可以保证技术上是安全的。

四、防止倒送电的管理措施

防止倒送电的管理措施如下。

（1）将并网点低压隔离开关纳入电网运行维护范围，操作责任人确定为台区配变的日常维护工作人员。

（2）向光伏并网客户交代清楚日常维护范围及联络方式，建立常态化的沟通机制。

五、公共电网失压后并网逆变器跳闸拒动结果分析

一般而言，在正常工作状态下，并网逆变器要并网发电，必须具备以下两个基本条件。

（1）有足够强度的太阳光照射光伏组件，光伏组件有直流输出。

（2）逆变器输出侧检测到足以使逆变器启动的交流电压，能将组件直流功率逆变为交流功率，输出并网。

举例分析：一台10 kV、400 kV·A的变压器，其低压侧额定电压为380 V，光伏发电组件容量为20 kW，配套一台20 kW的并网逆变器并网发电。

在此过程中，并网系统正常工作时，变压器、逆变器可以看作是一大一小两个电源，这两个电源共同带380 V侧的所有负载，变压器是大电源，大部分负载分配给变压器，逆变器是小电源，小部分负载分配给逆变器。假如变压器停电失压，低压脱扣并网开关、逆变器均可检测到外部系统失压，并网开关和逆变器都应该断开，甩掉所带负荷。如果系统停电失压时并网逆变器跳闸拒动，并网供电系统必然要经历一个暂态过程。对于逆变器而言，立刻带上变压器原380 V侧所有负载，相当于出口直接短路。由于逆变器不能承受如此巨大负载，需启动内部保护回路，切除负荷自保。如切除负荷失败，逆变器短路损坏，损坏后自然脱离电网。待电网供电恢复后，已经损坏的逆变器无法再次并网运行，所有负荷由变压器一个电源供电。

习　　题

客观题

1.（单选题）低压分布式光伏发电项目现场施工完毕后，需要向（　　）提出验收申请，相关部门验收合格后并入电网运行。

A. 供电部门　　B. 国家电网公司

C. 当地能源主管部门　　D. 政府投资主管部门

2.（单选题）零电压（失压）脱扣器是一种特殊形式的欠压脱扣器，其动作电压通常应整定在额定（电源）电压的（　　）。

A. 15%～35%之间　　B. 10%～35%之间

C. 10%～40%之间　　D. 15%～40%之间

3.（单选题）分布式电源接入容量超过本台区配变额定容量的（　　）时，配变低压侧刀熔总开关应改造为低压总开关。

A. 25%　　B. 35%　　C. 20%　　D. 30%

4.（单选题）对于采用“自发自用、余电上网”的低压380（220）V光伏并网客户，供电公司在（　　）点配备计量装置。

A. 一个　　B. 两个

C. 三个　　D. 以上都可以

5.（多选题）关于在低压分布式光伏（400 kW以下）发电项目并网验收表单中涉及安全的关键项目验收的要求，下列正确的是（　　）。

A. 防孤岛措施　　B. 台区连接情况核对

C. 接地情况核对　　D. 配线要求

6.（判断题）在核对并网基础资料流程中，安装容量100 kW及以下可委托专业技术人员施工的小型项目，无须提供安装施工人员的电工进网作业许可证。（　　）

A. 是　　　　B. 否

7.（判断题）在关键项目验收的要求中，光伏组件直流输出到逆变器，应安装直流断路器，满足遮断容量的要求。原则上允许组件输出直接接入逆变器。（　　）

A. 是　　　　B. 否

8.（填空题）在核对并网基础资料的流程中，100 kW以上400 kW以下容量的项目，客户并网前审核其（　　）、（　　）。

简答题

1. 系统建好之后会由何单位去验收？验收时要关注哪些地方？

验收工作主要由电网企业组织开展，重点关注并网电性能、工程的建设质量、组件认证、逆变器认证与技术参数、防雷接地、消防安全、组件防火认证等内容。

2. 如何判断分布式光伏并网系统工作是否稳定，电能质量是否达到要求，系统故障状态下是否会对家用电器造成损坏？

分布式光伏并网系统一般都具有数据监控功能的，可以通过对监控数据的分析判断系统是否稳定运行，如有条件也可以使用电能质量分析仪在电站并网点进行电能质量测试，看其电能质量是否符合国家标准要求，一般分布式光伏并网系统故障情况下会有保护装置切断电源，因此不会对家用电器造成损坏。

3. 低压居民家庭220/380 V分布式光伏并网项目的验收内容包括哪些？

施工人员电工进网作业许可证或其他符合国家规定的资质证明材料；工程图纸；逆变器出厂试验报告、合格证、金太阳示范工程或国家认可的其他产品认证证明。

4. 低压非居民分布式光伏发电项目申请并网验收需提供的材料有哪些？

竣工检验申请表；工程竣工图及竣工报告；项目备案资料；用电业务办理授权书（加样板）；设计变更证明文件（如存在变更）；施工、设计和试验单位委托书；施工、设计、试验单位资质证明及营业执照复印件；施工单位工程施工记录、自检报告；电气设备交接试验报告（记录）；主要电气设备一览表、设备技术参数、产品合格证、出厂试验报告；逆变器还需提供金太阳示范工程或国家认可的其他产品认证证明；若委托第三方管理，提供项目管理方资料（工商营业执照、税务登记证、与客户签署的合作协议复印件）；客户受电工程移交电子化图纸资料。

【答案】

1. A　　2. B　　3. A　　4. B　　5. ABCD
6. B　　7. B　　8. 工程调试、工程验收报告

第七章

分布式光伏电网运维检修

大量分布式光伏并网发电，对配电网的主要影响体现在稳定运行、继电保护、电能质量、可靠性等方面。其中对稳定运行的影响主要体现在潮流分布，即网络损耗、负载率等。随着接入容量的增加，可能出现电压越限。线路网络损耗呈现先下降后上升的趋势，出现功率倒送，线路网络损耗也逐步增加。当分布式光伏接入容量小于接入点下游负荷时，线路潮流方向并未改变，但接入点前端线路的负载率会下降；分布式光伏接入容量大于接入点下游负荷时，将出现双向潮流，随着分布式光伏容量的持续增加，将出现方向潮流大于原有潮流情况，引起线路负载率增大。

为保障分布式光伏接入后电网安全稳定运行，需要从运维、检修、电能质量三个方面加强管理。

第一节　含分布式光伏的电网运维管理特征

一、配电网电压分布

分布式光伏电源接入配电网后，配电系统变为多电源结构，会引起潮流大小和方向发生巨大的改变，使配电网的稳态电压也发生变化，原有的调压方案不一定能满足配电网电压要求。含分布式光伏电源的配电网电压方面的特征如下。

（1）分布式光伏电源接入后配电网馈线电压分布与分布式光伏电源的容量大小、接入位置有较大关系。同样渗透率的分布式光伏电源集中在同一节点，对电压的支持效果要弱于分布式光伏电源接入多个节点的状况。

（2）稳态情况下，在一些分布式光伏电源高渗透率地区，可能存在当地分布式光伏电源出力不足和负荷就地消纳平衡，出现功率倒送的情况，反向功率就会向电压水平更高的线路流动。这个现象经常会伴随着电压升高。所以接入分布式光伏电源后更容易违反GB/T 12325—2008中的电压偏差要求（35 kV及以上供电电压正、负偏差绝对值之和不超过标称电压的10‰；20 kV及以下三相供电电压偏差为标称电压的±7%）。

二、可靠性

分布式光伏电源的接入相当于增加了配电系统备用电源的数量与容量，因此能够提高系统的可靠性。然而，出于对电网建设经济性方面的考虑，系统备用电源的容量不可能无限地增加。因此，当分布式光伏电源的渗透率提高至一定程度后，系统的部分负荷必将由分布式光伏电源主动承担，此时配电网上级降压变电站的容量就可以小于系统总负荷，在这种情况下由于风电机组光伏阵列等可再生分布式光伏电源出力的波动性及其自身可靠性等原因，分布式光伏电源的出力不足或退出运行可能会导致系统缺电，从而影响系统的可靠性。这是分布式光伏电源对配电网可靠性影响的双重作用体现。

传统的配电系统可靠性评估是以故障模式影响分析为基础的，即以元件故障为出发点分析系统内各个用户或负荷点受故障影响的情况，进而计算系统平均停电持续时间和系统平均停电频率等与用户相关的可靠性指标。目前，含分布式光伏电源的配电系统可靠性评估方法大多也沿袭这一思路，不同之处在于考虑了故障后系统的孤岛运行。但是，在前述分布式光伏电源高渗透率情形下，由于配电系统电源容量不再充足，即使系统内所有元件都处于正常状态，分布式光伏电源的出力不足仍可能导致系统缺电。因此，仅考虑故障状态，无法计及缺电风险对系统可靠性的影响，系统缺电风险的评估实际上属于发电系统可靠性评估的范畴。因此，高渗透率情形下，含分布式光伏电源的配电网将同时具备发电和配电双重属性，即所谓的主动配电网。

三、电网保护

配电网目前广泛应用的是三段式电流保护。当分布式光伏电源接入配电网后，放射状的配电结构变成多电源结构。高渗透率分布式光伏电源将对配电网故障电流的大小、方向以及持续时间造成影响，分布式光伏电源本身的故障行为也会对系统运行和保护产生影响。原有的保护方式将发生较大的转变，这个过程不仅改造工程量巨大，而且需要在实践中不断摸索和完善。

四、短路电流

配电系统中，短路保护一般采用过流保护加熔断保护。一般认为在配电侧发生短路时，分布式光伏电源对短路电流贡献不大。例如，光伏配网稳态短路电流一般只比阵列额定输出电流大10%～20%。短路瞬间的峰值电流和光伏逆变器自身的储能元件和输出控制性能有关，另外，光伏逆变器一般也配置了低电压保护和过电流输出保护。当分布式光伏电源大渗透率相对集中地接入系统时，其对短路电流的影响与小型常规发电站相似，因而可能会较大程度地提高短路电流水平，从而对设备选型和规格提出更高的要求。

五、调峰

分布式光伏电源大多具有出力间歇性的特点，其出力随太阳辐射强度变化，具有极大的随机性。当间歇性电源接入电网时，为了保证对用户持续电能供应，一般需要提供一定的常规发电容量备用，从而减少了机组可用于调峰的容量，影响了常规发电厂的调峰能力。

鉴于目前对于间歇性电源发电功率预测及在线控制水平的不足，光伏发电具有一定的反调峰特性，即负荷高峰时可再生能源发电出力较低，负荷低谷时出力较高。随着光伏发电接入电网规模的逐步扩大，电力系统负荷特性将发生一定改变，负荷峰谷差将进一步加大，逐步占用常规能源的调峰能力，直接影响低谷调峰平衡时燃煤机组的调峰深度，降低燃煤机组调峰运行的经济性，削弱电网的调峰裕度。

六、提高电网运维管理的措施

（一）加强电压分析和监测

在接入系统方案中对电压质量进行专题分析，对于光伏电站一般建议用户增加动态无功补偿装置，对于高渗透率区域做专题仿真研究。建设分布式光伏监控系统和电压监测系统对分布式光伏发电项目和配网电压进行监测，及时采取调压措施。主要调压措施包括：一是投切无功补偿设备：二是调节光伏逆变器有功功率和无功功率。

（二）加强短路电流分析

提前开展规划研究，对于光伏高密度接入区域，联合政府部门对可利用的屋顶、地面资源进行测算，计算光伏可建设并网容量，提前发现系统短路超标问题。合理引导光伏电站接入系统，对于容量较大的光伏电站（如10 MW以上），按照高电压等级接入。

（三）加强网、源协调发展

在大比例接纳光伏发电的同时，确保电力系统安全稳定运行并控制电网成本。光伏发电的电源不稳定性提高了对电网可调节能力和智能化管理要求。建设一定规模的调峰电源，优化电源结构，提高常规发电设备的运行灵活性；加快电网基础设施升级改造，加强电网网架结构，提高区域互联能力，以满足大规模接网和送出需要；提高调度运行智能化水平，优化电网调度计划编制，提高新能源并网能力；提高需求侧响应能力，改善负荷特性，充分调动各类需求侧资源参与系统平衡；要求光伏电站与电网调度机构建立功率预测系统，以实现将新能源纳入发电计划，按节能调度方法优先调度新能源，制定科学调度运行规则，开展实时调度；因地制宜地选择光伏电站实时监控系统建设模式，规范基本功能，完善新能源运行信息接入。

（四）加强分布式光伏电源台账信息管理

分布式光伏电源，尤其是低压并网分布式光伏电源具有点多面广的特点。随着政府部门“百万个屋顶光伏计划”及配套政策的推行，低压并网分布式光伏电源将呈现爆发式增长。分布式光伏电源台账信息管理是电网运维管理的重中之重。一方面是分布式光伏电源的文字台账管理，台账包括项目名称、项目所属区域、业主及联系方式、电力用户户号、消纳方式、公共连接点电压等级、接入公网线路名称、装机容量、继电保护和安全自动装置信息、并网点电压等级、并网点位置、并网点容量、并网点数量、并网投运日期等字段，做到台账信息统一管理、及时更新、全面共享。另一方面是分布式光伏电源接线图台账管理，可以采取在生产信息管理系统中标注光伏电源位置、在CAD单线图中标注分布式光伏电源位置等方式，确保每个分布式光伏电源在接线图上标注准确。分布式光伏电源的并网运行、规模变化和项目取消等信息应及时录入配电网基础台账，保证实际情况与台账信息一致。

（五）加强现场分布式光伏电源警示标识管理

在公用变压器、公共连接点和分布式光伏并网接入箱三处粘贴光伏电源警示标识。

（1）公用变压器处粘贴位置要求：有配电综合箱，粘贴在综合箱箱门显著位置；无配电综合箱，粘贴在总保箱（即总配电箱保护箱）箱门显著位置；若台区存在两路及以上干线的，标志粘贴在有自备电源用户一路的总保箱箱门显著位置；若有箱式变压器，粘贴在箱式变压器命名牌下方显著位置。

（2）公共连接点粘贴位置要求：架空线路，粘贴在用户落火杆杆号命名牌下方显著位置；电缆线路，粘贴在用户进线电缆上一级电缆分接箱箱门显著位置，分接箱命名牌下。

（3）光伏并网接入箱位置粘贴要求：粘贴在光伏并网接入箱门正面。

第二节　电网检修管理

分布式光伏电源接入电网后，改变了电网原有的潮流分布，电网检修的模式有所变化，需防止电网停电检修时分布式光伏电源倒送电。

一、低压配电网检修策略

低压配电网检修策略如下。

（1）接入分布式光伏电源的配电网，系统侧设备消缺、检修优先采用不停电作业方式。

（2）接入分布式光伏电源的配电网，停电检修前应组织现场踏勘，详细掌握停电线路下分布式光伏电源的数量、位置、容量、电压等级、接线方式等信息。

（3）电网停电检修前现场勘查应结合光伏台账信息开展，现场勘查前应查阅光伏台账信息，确认停电区域是否存在分布式光伏电源；现场勘查时，应确认现场的光伏电源信息与查阅的光伏电源信息是否一致。

（4）接入分布式光伏电源的配电网，电气设备倒闸操作和运维检修，应严格执行《国家电网公司电力安全工作规程》等有关安全组织措施和技术措施要求。在有分布式光伏电源接入的高压配电线路、设备上停电工作，应断开分布式光伏电源并网点的断路器、隔离开关或熔断器，并在电网侧接地。在有分布式光伏电源接入的低压配电网上停电工作，至少应采取以下措施之一防止反送电：接地，绝缘遮蔽，在断开点加锁，悬挂标示牌。

二、中压配电网检修策略

对中压并网的光伏运营企业进行抽查调研，发现这些运营企业存在以下现象：技术装备配置较完善，有无线通信专网平台监控光伏电源的功率、发电量、电压、电流等运行情况，若监测到异常情况，则安排现场巡视检查；运维管理水平不一，少数单位的高压配电作业人员执行24 h有人值班制，部分单位只有一名且兼职高压配电作业的人员，多数时候联系不到该人员。提高中压配电网检修管理水平，可执行以下方案。

（一）检修方案一

（1）线路检修工作时，如需光伏电站配合在电网侧进行接地操作，且光伏电站在检修范围之外，先由调度许可光伏电站解列，再发令线路检修单位拉开光伏电站外杆上开关或令克，检修单位验电后自行在开关或令克下桩头挂设接地线。

（2）调度发令给光伏运营企业电气负责人，光伏电站解列、并列操作由其负责，调度与光伏高配值班人员不直接联系，当10 kV（20 kV）线路跳闸含有光伏电站时，调度直接通知光伏运营企业电气负责人，由其负责检查、巡视光伏电站工作的汇报。光伏运营企业的光伏运维联系人员应具备相应资质，联系方式报调度部门备案。

（3）若支线线路有一个及以上光伏电站，线路检修工作时，若支线在检修范围之外，先由调度许可光伏电站解列，调度发令线路运检组再拉开支线令克或开关，线路检修单位验电后自行在令克或开关下桩头及以下部分挂接地线，并在所有安全措施到位后许可检修工作。

（4）线路检修工作中，当光伏电站在检修范围之内，则按照以前执行，先由调度许可光伏电站解列再进行光伏电站侧改线路检修。

（二）检修方案二

（1）光伏电站投运后，由线路检修单位运行管理。其中如10 kV（20 kV）公用线路计划检修涉及光伏电站，光伏电站内及用户外进线令克或开关所要求的安全措施，在线路检修单位提交调度工作申请单的安全措施内不需要体现，由线路检修单位自行考虑处理。当10 kV（20 kV）线路跳闸含有光伏电站，线路检修单位巡线检查汇报应包括光伏电站，不再由调度通知检查。

（2）线路检修工作时，若光伏电站在检修范围之外，原则上，光伏电站应先拉开并网开关，线路检修单位再拉开光伏电站进线令克或开关，线路运检组验电后自行在令克或开关上桩头挂接地线，并在所有安全措施到位后许可检修工作。

（3）若支线线路有一个及以上光伏电站，线路检修工作时，若支线在检修范围之外，光伏电站应先拉开并网开关，线路检修单位再拉开支线令克或开关，验电后自行在令克或开关上桩头及以上部分挂接地线，并在所有安全措施到位后许可检修工作。

第三节　电能质量管理

电能质量的主要指标有电压偏差、频率偏差、三相电压不平衡、电压波动和闪变、谐波等。其中谐波、电压波动和闪变等是衡量电能质量的重要指标。分布式光伏电源接入电网对电能质量的影响主要体现在：接入点电压抬升，电压波动与闪变，谐波污染，三相电压不平衡等。

一、影响机理

分布式光伏电源并网会造成电网电能质量的下降，这主要有以下方面的原因。

（1）分布式光伏电源具有间歇性出力的特点，给电网带来了很大波动因素，从而造成潮流状态量的相应波动，引起电压偏移、电压波动和电压闪变等电压质量问题。

（2）分布式光伏发电系统一般基于大量电力电子技术设备，其开关器件频繁启停会产生开关频率的谐波分量，对电网造成谐波污染；大量上网逆变器的运用不可避免会产生一定的直流分量。为了平抑分布式光伏电源并网对配电网的电能质量所造成的负面影响，保证用户的正常用电，电力企业需要采用一系列的配套设备，包括为平抑分布式光伏电源出力间歇性而采用的储能装置（超级电容、蓄电池、飞轮储能）和为了平抑分布式光伏电源引起的谐波污染而采用的滤波器、高频隔离变压器等电力电子设备。

二、成本–效益分析

分布式光伏电源渗透率的提升造成电能质量的下降的负面影响可通过配套储能和电力电子设备的全寿命周期成本进行货币化度量，如图7-1所示。

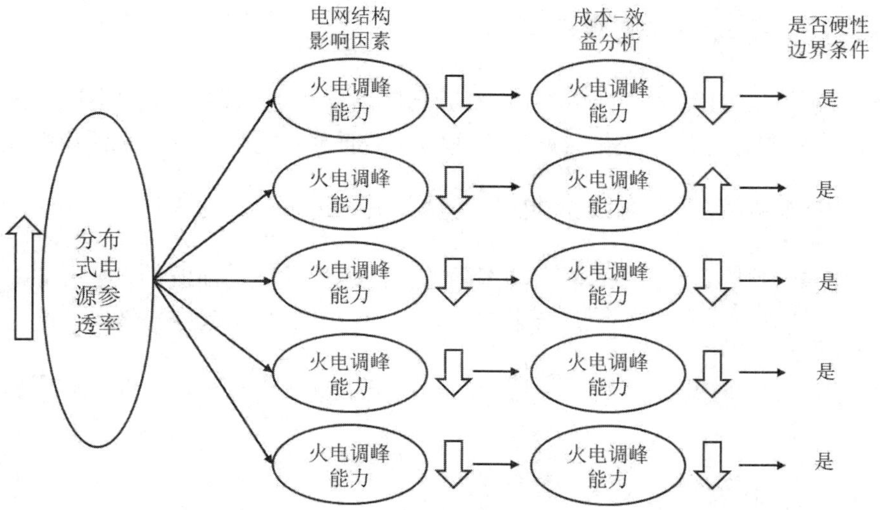

图7-1　分布式光伏电源并网及其渗透率对电源结构的影响及效益分析

三、电压波动与闪变

（一）电压波动定义

实际电压偏离系统标称电压，统称为电压波动。

由于部分负荷在正常运行时出现冲击性功率变化，实际电压在短时间里有较大幅度波动，并且连续偏离额定电压，所以电压波动也称为快速电压波动。电压波动值为一系列电压有效值的两个极值之差，通常以d的大小作为电压波动的量度。

（二）闪变定义

电压波动会使部分电气设备不能正常工作。一般来说，对于电子计算机和控制设备，不需要特别关注电压波动引起的变化，而在商用和民用建筑的照明设备中，白炽灯占有相当大的数量，电压的波动会造成白炽灯光明显闪烁，严重时使人眼难以忍受，为此，选白炽灯的工况作为判断电压波动值是否能被接受的依据。由电压波动造成灯光的闪烁，其专业术语为闪变。

（三）电压波动的原因

引起电压波动的原因很多，短路故障、开关操作、大型负荷启动等均能导致供电电压波动。但是，在电能质量问题中更多关注的是频繁发生并且持续时间较长的电压波动现象。因此，我们重点关注功率冲击性负荷（电弧炉等功率因数低，无功变动量大，变化过程快的冲击性负荷）对电压特性的影响。

（四）电压波动和闪变的危害

电压波动值为10%，变动频率为8～10 Hz时就会引起人眼明显的不适。闪变使人的视觉系统在光源光照强度变化时产生不适感，要通过对闪变的评估来评价电能质量。

（五）分布式光伏发电引起电压波动的可能性

由于分布式光伏发电系统的输出功率随着光照强度的波动而波动，当在某区域内的光伏装机容量达到一定规模时，其产生的功率波动有可能会引起电压波动。

四、谐波污染

（一）谐波定义

国际上公认的谐波定义为："谐波是一个周期性电气量的正弦波分量，其频率为基波频率的整数倍。"

如我国电力系统的标称频率F（也称为工业频率，简称工频）为50 Hz，则基波为50 Hz，2次谐波为100 Hz，3次谐波为150 Hz，5次谐波为250 Hz等。

（二）谐波产生的原因

近年来，由于电力电子设备的广泛使用导致谐波含量不断增加，谐波已经成为电气工程中一个重要的问题。

谐波干扰一般由非线性电压/电流特性的设备产生。现在大部分工业、商业和家庭负荷都是非线性的，使得低压供电网乃至高电压等级电网中的谐波干扰水平成为一个严重问题。

（三）谐波的危害

1. 在电力危害方面

（1）旋转电机及变压器附加谐波损耗与发热，缩短使用寿命

（2）谐波谐振过电压，造成电气元件及设备的故障与损坏。

2. 在信号干扰方面

（1）对通信系统产生电磁干扰，使电话通信质量下降。

（2）导致重要和敏感的自动控制、保护装置不正确动作。

（3）危害到功率处理器的正常运行。

（四）谐波治理

对自然界可能出现的各种危害与隐患，科学的处理方法通常以预防为主，即所谓防患于未然。而事实上，正像世界上对自然环境污染的治理情形一样，对电力系统的谐波

危害治理也出现了“先污染，后治理”的现状。

电力行业谐波管理规定强调，谐波污染的综合治理应采取“谁污染，谁治理”的原则。

（五）分布式光伏发电产生的谐波

分布式光伏发电多数采用直流逆变为交流并网的形式，光伏逆变器中含有大量的电力电子元器件，在直流逆变为交流时不可避免地会产生谐波，对电网会造成谐波污染。由于光伏逆变器采用高频率的开关进行控制输出，所以易产生25次及以上高次谐波。

五、电压暂降与短时中断

（一）电压暂降的定义

电压暂降现象并不是电力系统中的新问题，其在电网运行伊始就已经存在。它主要是由系统发生短路故障或者重负荷启动引起的。

（二）电压短时中断的定义

电压短时间中断（停电）是电压暂降的特殊情况，即当所有相的电压下降到阈值（残压）的10%（IEEE）或1%（IEC）时，电压短时间中断。

（三）电压暂降和短时中断的影响

显见的影响有：失电、无灯光、屏幕空白、电机减速等。更为严重的是破坏生产过程，计算机丢失内存信息，建筑体的火灾报警系统失灵，无控制启动造成危险等。

在大多数敏感设备中，电压暂降与短时中断的影响并无直接区别或分界，短时中断可以视为严重暂降。因此在谈危害时，两者可以同等看待。例如，调速驱动在1 s或甚至在1个周波的中断都会掉电。

（四）分布式光伏发电如何应对电压暂降和短时中断

分布式光伏发电中大量应用光伏逆变器，逆变器的工作电压均在一定范围内，在安装时应注意使用具有防止电压暂降和短时中断功能的逆变器，避免因电压暂降或短时中断引起设备损坏。

六、注入直流分量

分布式光伏发电通过逆变器并网，会产生一定程度的直流分量，会对配变、电力式漏电保护器、计量仪表等造成不利影响。

当配电网内分布式光伏电源规模不大时，设计良好的逆变器将直流电转换成交流电，产生的谐波污染一般在可控范围内。但是，随着分布式光伏发电在配电网系统的渗透率的增加，多个谐波源叠加造成的谐波含量会严重影响电能质量，不仅如此，多个谐振源还有可能在系统内激发高次谐波的功率谐振。高渗透率下分布式光伏电源的接入位置不同和出力的大小对电网的谐波会产生不利的影响。

供电企业需在工程投产前后测试相关电网的谐波，保证电能质量，正确区分配电网和光伏电站在公共连接点产生的电压电流谐波水平，有利于监测和治理分布式光伏发电并网所带来的谐波污染。

此外，还可能存在光伏工程并网验收测试条件和实际运行条件不一致的情况，即光伏工程在并网验收测试时通过了技术规定的检验，而在实际的运行环境中，并非长期运行在测试条件下，这就导致谐波检验结果出现偏差，验收通过，但还是对电网造成严重的谐波污染。这种情况往往是由光伏电站规划设计不合理引起的。光伏电站的安装容量、安装地点等都影响到光伏电站实际的发电功率，如长期低功率运行就可能产生很大的谐波，对电网造成持续而严重的谐波污染。

根据对大量分布式光伏电源并网电能质量评估和电能质量运行实测，结果表明：第一，光伏电站出力变化引起周围电网主要节点的电压变化都非常小，光伏电站并网运行对各节点电压偏差基本无影响；第二，光伏电站对公共连接点的电压波动与闪变影响主要取决于光伏电站装机容量大小，个别装机容量较大的集中式光伏电站对电网电压波动与闪变的影响超出国标要求，个别集中式光伏电站存在11次、13次谐波电流超国标限值的情况，可在光伏电站侧采取相应的治理措施加以解决，如采用高质量并网逆变器，并网前对太阳能资源、逆变器、箱变等主设备进行背景测试和验收，并网后委托有资质单位进行运行特性测试、安装动态无功补偿装置、预留滤波支路、加装有功功率控制装置、加装电能质量在线监测装置。

因此，适应大规模分布式光伏电源接入的电网规划配套建设，应根据分布式光伏发电项目实际情况、电力平衡与电能质量评估结果，合理选择分布式光伏并网接入系统方案，制定电压调节措施与谐波治理方案，着力于改善电网系统结构，增强电网输送能力，加快智能电网建设，实现灵活优化调控，使各类能源资源得到更大范围的优化配置。

七、三相不平衡

（一）三相不平衡度的定义

三相不平衡度是指三相电力系统中三相不平衡的程度。用电压、电流负序分量与正序分量之比的百分数表示。

（二）产生三相不平衡的原因

电力系统三相不平衡是由三相负载不平衡以及系统元件三相参数不对称所致。电力系统三相电压平衡的状况是电能质量的主要指标之一。三相不平衡将导致旋转电机附加发热和振动，变压器漏磁增加和局部过热，电网线损增大以及多种保护和自动装置误动等。

（三）三相不平衡的危害

三相不平衡有以下危害。

（1）增加线路的电能损耗。在三相四线制供电网络中，电流通过线路导线时，因存在阻抗必将产生电能损耗，其损耗与通过电流的平方成正比。当低压电网以三相四线制供电时，由于有单相负载存在，三相负载不平衡在所难免。当三相负载不平衡运行时，中性线即有电流通过。这样不但相线有损耗，而且中性线也产生损耗，从而增加了电网线路的损耗。

（2）增加配电变压器的电能损耗。配电变压器是低压电网的供电主设备，当其在三相负载不平衡工况下运行时，将会造成配变损耗的增加。因为配变的功率损耗是随负载的不平衡度而变化的。

（3）配变出力减少。配变设计时，其绕组结构是按负载平衡运行工况设计的，其绕组性能基本一致，各相额定容量相等。配变的最大允许出力要受到每相额定容量的限制。假如配变在三相负载不平衡工况下运行，负载轻的一相就有富余容量，从而使配变的出力减少。其出力减少程度与三相负载的不平衡度有关。三相负载不平衡度越大，配变出力减少越多。为此，配变在三相负载不平衡时运行，其输出的容量就无法达到额定值，其备用容量亦相应减少，过载能力也降低。假如配变在过载工况下运行，则极易引发配变发热，严重时甚至会造成配变烧损。

（4）配变产生零序电流。配变在三相负载不平衡工况下运行，将产生零序电流，该电流将随三相负载不平衡的程度而变化，不平衡度越大，则零序电流也越大。运行中的配变若存在零序电流，则其铁芯中将产生零序磁通（高压侧没有零序电流）。零序磁通只能以油箱壁及钢构件作为通道通过，而钢构件的磁导率较低，零序电流通过钢构件时，即要产生磁滞和涡流损耗，从而使配变的钢构件局部温度升高甚至发热。配变的绕组绝缘也可能因过热而加快老化，导致设备寿命降低。同时，零序电流的存在也会增加配变的损耗。

（5）影响用电设备的安全运行。配变是根据三相负载平衡运行工况设计的，其每相绕组的电阻、漏抗和激磁阻抗基本一致。当配变在三相负载平衡时运行，其三相电流基本相等，配变内部每相压降也基本相同，则配变输出的三相电压也是平衡的。

假如配变在三相负载不平衡时运行，其各相输出电流就不相等，其配变内部三相压降就不相等，这必将导致配变输出电压三相不平衡。同时，配变在三相负载不平衡时运行，三相输出电流不一样，而中性线就会有电流通过，使中性线产生阻抗压降，从而导致中性点漂移，致使各相相电压发生变化。负载重的一相电压降低，而负载轻的一相电压升高。在电压不平衡状况下供电，容易造成电压高的一相接带的用户用电设备烧坏，而电压低的一相接带的用户用电设备则可能无法使用。所以三相负载不平衡运行时，将严重危及用电设备的安全运行。

（6）电动机效率降低。配变在三相负载不平衡工况下运行，将引起输出电压三相不平衡。由于不平衡电压存在着正序、负序、零序三个电压分量，当这种不平衡的电压输入电动机后，负序电压产生的旋转磁场与正序电压产生的旋转磁场相反，起到制动作用。但由于正序磁场比负序磁场要强得多，电动机仍按正序磁场方向转动。而由于负序磁场的制动作用，必将引起电动机输出功率减少，从而导致电动机效率降低。同时，电动机的温升和无功损耗，也将随三相电压的不平衡度而增大。所以电动机在三相电压不平衡工况下运行，是非常不经济和不安全的。

（四）三相不平衡的解决办法

由不对称负荷引起的三相不平衡可以采取以下解决办法。

（1）将不对称负荷分散接在不同的供电点，以减少集中连接造成不平衡度严重超标的问题。

（2）使用交叉换相等办法使不对称负荷合理分配到各相，尽量使其平衡化。

（3）加大负荷接入点的短路容量，如改变网络或提高供电电压级别以提高系统承受不平衡负荷的能力。

（4）装设平衡装置。

简要列出以上几种解决三相电压或电流不平衡对电网及电能质量危害的技术措施。具体应该采取哪一种措施更为合理有效，还要根据实际情况，经过技术和经济比较后确定实施。

在低压三相四线制的城市居民和农网供电系统中：由于用电户多为单相负荷或单相和三相负荷混用，并且负荷大小不同和用电时间的不同，电网中三相间的不平衡电流是客观存在的，并且这种用电不平衡状况无规律性，也无法事先预知，这导致了低压供电系统三相负载的长期性不平衡。对于三相不平衡电流，电力部门除了尽量合理地分配负荷之外几乎没有什么行之有效的解决办法。

电网中的不平衡电流会增加线路及变压器的铜损，还会增加变压器的铁损，降低变压器的出力甚至会影响变压器的安全运行，最终会造成三相电压的不平衡。

调整不平衡电流无功补偿装置-自动调补电容器组，有效地解决了这个难题，该装置具有在补偿系统无功的同时调整不平衡有功电流的作用。其理论结果可使三相功率因数均补偿至1，三相电流调整至平衡。实际应用表明，可使三相功率因数补偿到0.95以上，使不平衡电流调整到变压器额定电流的10%以内。

根据王氏定理，在相间跨接的电容可以在相间转移有功电流。调整不平衡电流的无功补偿装置就是利用王氏定理来进行设计的，在各相与相之间以及各相与零线之间恰当地接入不同数量的电容器，不但可以使各相都得到良好的补偿，而且可以调整不平衡有功电流。

换相开关通过智能化逻辑判断自动选择供电相，自动调整三相负荷的不平衡，降低了电能在传输过程中的损耗，最大化地提高电能利用率的同时增强了电网供电的可靠性。

还有最为流行的三相负荷不平衡自动调节装置，主要用于低压配电用户侧，治理三相电流不平衡、相电压偏低，补偿无功，优化电能质量。该装置产品规格包括50 A/35 kvar、75A/50 kvar、150 A/100 kvar三种，可同时补偿三相不平衡电流和无功，实现连续、动态补偿。

八、对电能质量的要求

（一）一般原则

分布式光伏电源向当地交流负载提供电能和向电网送出电能的电能质量，在谐波、电压偏差、三相电压不平衡度、电压波动和闪变，以及间谐波等电能质量指标，应满足GB/T 14549—1993、GB/T 24337—2009、GB/T 12325—2008、GB/T 15543—2008、GB/T 12326—2008等电能质量国家标准要求。

（二）电能质量指标

分布式光伏电源向配电网送出的电能质量应该满足以下性能指标。

1. 电压波形

输出为正弦波，电压波形失真度不超过5%。

2. 谐波

（1）分布式光伏电源所接入公共连接点的谐波注入电流应满足GB/T 14549—1993的规定，不应超过规定的允许值，其中分布式光伏电源向配电网注入的谐波电流允许值按此电源协议容量与其公共连接点上发/供电设备容量之比进行分配。

（2）分布式光伏电源接入配电网后，所接入公共连接点谐波应满足GB/T 24337—2009的要求。

3. 电压偏差

分布式光伏电源并网后，所接入公共连接点的电压偏差应满足GB/T 12325—2008的规定。

（1）35 kV公共连接点电压正、负偏差的绝对值之和不超过标称电压的10%［注：如供电电压上下偏差同号（均为正或负）时，按较大的偏差绝对值作为衡量依据］。

（2）20 kV及以下三相公共连接点电压偏差不超过标称电压的±7%。

（3）220 V单相公共连接点电压偏差不超过标称电压的+7%，−10%。

4. 频率

输出电流频率为(50±0.5) Hz

5. 电压波动和闪变

（1）分布式光伏电源并网后，所接入公共连接点处的电压波动和闪变应满足GB/T 12326—2008的规定。

②分布式光伏电源单独引起公共连接点处的电压变动限值与电压变动频度、电压等级有关，见表7-1。

表 7-1　电压波动限值

r /（次/小时）	d /（%）
$r \leqslant 1$	4
$1 < r \leqslant 10$	3
$10 < r \leqslant 100$	2
$100 < r \leqslant 1\ 000$	1.25

注：r表示电压变动频度，d表示电压变动。

（3）分布式光伏电源在公共连接点单独引起的电压闪变值应根据电源安装容量占供电容量的比例及系统电压等级，按照GB/T 12326—2008的规定分别按三级作不同的处理。

6. 直流分量

分布式光伏电源接入后，向公共连接点注入的直流电流分量不超过其交流额定值的0.5%。

7. 电压不平衡度

分布式光伏电源并网后，所接入公共连接点的三相电压不平衡度不应超过GB/T 15543—2008规定的限值，公共连接点的三相电压不平衡度不应超过2%，短时不超过4%；其中各分布式光伏电源引起的公共连接点三相电压不平衡度不应超过1.3%，短时不超过2.6%。

8. 电磁兼容

分布式光伏发电设备产生的电磁干扰不应超过相关设备标准的要求。同时，分布式光伏发电应具有适当的抗电磁干扰能力，应保证信号传输不受电磁干扰，执行部件不发生误动作。

分布式光伏电源接入系统的公共连接点的电能质量应满足上述国家标准的要求，必要时在公共连接点加装电能质量在线监测装置。

习　　题

客观题

1.（单选题）在现场的分布式光伏电源警示标示需要在（　　）处进行提示。

A. 公用变压器　　B. 公共连接点

C. 光伏并网接入　　D. 以上全部

2.（单选题）在低压配电网检修时，接入分布式光伏电源的配电网，系统侧设备消缺、检修优先采用的作业方式是（　　）。

A. 不停电作业方式　　　　B. 停电作业方式

C. 阶段性停电作业方式　　D. 以上都是

3.（单选题）目前，含分布式光伏电源的配电系统可靠性评估方法大多也沿袭传统的以故障模式影响分析为基础的思路，不同之处在于考虑了故障后系统的（　　）。

A. 孤岛运行　　　　　　B. 并网变压器

C. 谐波污染　　　　　　D. 以上都是

4.（多选题）光伏电源大多具有出力间歇性的特点，其出力随（　　）的变化而变化，具有极大的随机性。

A. 风速　　　　　　　　B. 太阳辐射强度

C. 降雨量　　　　　　　D. 人为控制

5.（判断题）分布式光伏电源接入电网后，改变了电网原有的潮流分布，电网检修的模式无须变化，但需防止电网停电检修时光伏电源倒送电。（　　）

A. 是　　　　　　　　　B. 否

6.（判断题）分布式光伏电源具有间歇性出力的特点，给电网带来了很大波动因素，从而造成潮流状态量的相应波动，引起电压偏移、电压波动和电压闪变等电能质量问题。（　　）

A. 是　　　　　　　　　B. 否

7.（填空题）电能质量的主要指标有电压偏差、（　　）、三相电压不平衡、电压波动和闪变、电网谐波等。

8.（填空题）分布式光伏发电通过逆变器并网，会产生一定程度的直流分量，会对（　　）、电力式漏电保护器、（　　）等造成不利影响

简答题

1. 如何处理分布式光伏发电系统的常见故障?

系统在质保期内出现问题时可先电话联系安装商或运营商将系统问题说明，安装商或运营商根据用户叙述内容进行解答，如无法将故障排除会派出专人到现场进行检修。

2. 如何降低分布式光伏发电系统的维护成本?

建议选择的系统各部件和材料为市面上口碑好、售后服务好的产品，合格的产品能降低故障的发生率，用户应严格遵守系统产品的使用手册，定期对系统进行检测和清洁维护。

3 系统后期维护怎么处理，多久维护一次？怎样维护?

根据产品供应商的使用说明书对需要定期检查的部件进行维护，系统主要的维护工作是擦拭组件，而降水较大的地区一般不需要人工擦拭，非雨季节大概1个月清洁一次，降尘量较大的地区可以增加清洁的次数，降雪量大的地区及时将厚重积雪去除，避免影响发电量，及时清理遮挡的树木或杂物。

4. 为什么要重视分布式光伏发电系统的质量监控?

首先分布式光伏发电系统多是与建筑相结合，若是系统质量存在问题不但可能造成

发电系统内部设备的损坏，甚至会危害到建筑物、配电站及周边人员的安全；其次分布式光伏发电系统多为自用，若是系统质量存在问题可能会对用电设备造成损坏；最后分布式光伏发电系统是以发电量来获得经济效益的，若系统质量存在问题就会影响整个系统的发电量和寿命，进而影响整个系统的收益。

5. 分布式光伏并网系统的发电量监控数据和电能表的计量数据是一样的吗？误差有多大？

分布式光伏并网系统的发电量监控数据和电能表的计量数据不一定是一样的，如在同一个并网点采用相同的电量计量设备，精度也完全相同，那么得出的数据应该是一样的，但分布式光伏并网系统使用的监控设备往往是系统建设单位自己采用的设备，而电量计量设备往往是电力部门的设备，因此设备不同得到的数据可能也会有一些差距，误差有多少要根据具体情况而定，而电费和补贴费用的结算是依据电力部门安装的计量设备。

【答案】

1. D　2. A　3. A　4. AB　5. B　6. A

7. 频率偏差　8. 配变、计量表

第八章

典型案例

案例1：分布式光伏10 kV接入案例及分析

一、项目概况

本项目建设地点位于某光伏玻璃公司新厂区内，场地地形基本平坦，交通便利。项目规划为8 MW。

该分布式光伏发电系统所发电量采用“自发自用、余电上网”的技术方案，建设规模8.126 2 MW，建设占用厂区内屋面面积约123 100 m²，主要包括厂区内超白压延联合车间、加工新车间、浮法成品车间三栋建筑。本期采用单片容量为255/260 W的多晶硅光伏组件，屋顶光伏容量分布如表8-1所示。

表8-1　屋顶光伏容量分布

序号	名称	装机容量/kW
1	超白压延联合车间	3 072.1
2	加工新车间	1 315.8
3	浮法成品车间	3 738.3
总计		8 126.2

二、用户现状

本工程在某工业园区内进行，厂区内设有35 kV变电站一座，配置35 kV主变压器2台，容量2×25 000 kV·A。35 kV、10 kV接线方式均为单母线分段接线。用户变电站由220 kV变电站35 kV 695线为其提供一路主供电源，220 kV变电站35 kV 694线为其提供一路备供电源。该用户正常运行负荷约15 000 kW，平均功率因数0.95。

三、光伏并网技术方案

（一）电压等级选择

本工程装机规模为8.126 2 MW，发电量消纳方式为“自发自用、余电上网”。厂区内有35 kV、10 kV、380V三种电压等级，根据用户并网容量以及就地消纳原则，本期考虑10 kV电压等级接入用户内部电网的接入方案。

（二）接入方案选择

根据所确定的接入系统的电压等级原则，结合用户提供的光伏项目方案，提出如下分布式光伏发电项目接入系统方案。

本期分布式光伏发电项目采用发电逆变单元通过光伏升压站升压后集中接入用户内部电网的方式。各厂房配置逆变器和变压器的情况如表8-2所示。超白压延联合车间以及加工新车间两个车间屋顶光伏容量通过将8台逆变器分为容量相近的4组，分别接入4台1 000 kV·A的隔离升压变压器，升压汇集成1回10 kV线路接入配电房10 kV I段母线空置的1110柜。另外，浮法成品车间的光伏容量通过将6台逆变器分为容量相近的3组，分别接入3台1 250 kV·A的隔离升压变压器，升压汇集成1回10 kV线路并接入配电房10 kV II段母线空置的1202柜。

表8-2　各厂房逆变器与变压器分配情况

序号	名称	容量/kW	逆变器	变压器	10 kV母线
1	超白压延联合车间	3 072.1	8台500 kW逆变器	4台 SCB10-1000	I段母线
2	加工新车间	1 315.8			
3	浮法成品车间	3 738.3	6台630 kW逆变器	3台 SCB10-1250	II段母线

（三）电气计算

1. 有功平衡

本期光伏容量约为8 126.2 kW，按最大功率的83%计算，光伏实际最大功率约为6 744.7 kW。根据用户的负荷情况，正常运行负荷约为15 000 kW，2013年最高负荷约为30 000 kW，在绝大多数的情况下，本光伏发电项目的功率均能在厂区内部消纳，只有在节假日等工厂停工的情况下可能出现功率上送情况。

2. 短路电流计算

分布式光伏电源输出为逆变器输出，当系统发生短路时，所选逆变器最大电流不能

超过额定电流的1.5倍，短路电流的计算公式为

$$I=1.5\times\frac{S_n}{\sqrt{3}U}=1.5\times\frac{7\ 780}{\sqrt{3}\times 36.75}=183.3\text{（A）}$$

式中　S_n为逆变器额定功率。

即光伏发电系统可向35 kV系统侧提供约183.3 A的短路电流。

经计算，变电站35 kV母线侧、厂内35 kV母线侧短路电流计算结果如表8-3所示。

表8-3　短路电流计算结果

变电站35 kV母线 / kA		厂内35 kV母线 / kA
光伏投入前	光伏投入后	
18.63	18.86	9.615

根据计算结果，分布式光伏接入系统后，短路电流水平满足项目建设地区的10 kV配电网典型供电模式技术规范的要求。

3. 电压波动分析

厂内光伏电站的最大出力，考虑到逆变器功率约为8 126.2 kW，根据上文可知公共连接点35 kV母线处短路电流为18.86 kA。计算分布式光伏接入后，在系统变电站母线处的电压波动为

$$d\approx\frac{\Delta Q_i}{S_{sc}}\times 100\%=\frac{8\ 126.2/1\ 000}{\sqrt{3}\times 36.75\times 18.86}=0.68\%$$

电压波动率约为0.68%，满足有关国家标准的要求。

案例2：居民光伏接入典型设计

一、项目背景

某集聚社区是一个大型集聚型居民住宅社区，规划总体建筑占地面积169 710 m^2，总建筑面积613 230 m^2。社区内住宅为联排别墅，每个联排2户居民，共约200户居民。别墅呈东西走向，共有3层，高约10 m，南北坡倾角30°。屋顶为混凝土结构，并在混凝土上加盖了一层水泥瓦。

二、接入设计

220/380 V居民光伏并网装置典型方案分为380 V三相居民光伏并网和220 V单相居民光伏并网两大类。

（一）380 V（三相）接入系统方案

该接入系统方案适用于供电电压为380V（三相）的居民用户，采用“自发自用、余电上网”方式，接入点选择在用户售电、上网关口计量表的后端。

（二）220 V（单相）接入系统方案

该接入系统方案适用于供电电压为220 V（单相）的居民用户，采用“自发自用、余电上网”方式，接入点选择在用户售电、上网关口计量表的后端。

其接入系统简图如图8-1所示。

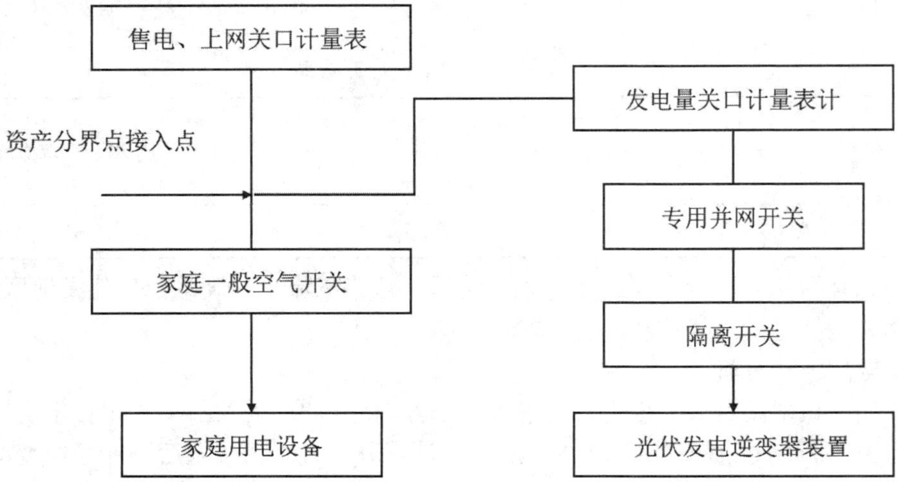

图8-1　接入系统简图（自发自用、余电上网）

三、接入并网箱设计

220 V/380 V居民光伏并网装置设计范围包括电能计量点设置、电能表的选用配置、光伏并网箱结构设计、计量装置的封闭性措施，以及相关电气保护设备和无线数据采集终端配置等。并网电能计量点设置如下。

（1）家庭光伏电能计量点应设置一个独立的光伏并网箱。

（2）并网电能计量点应尽量靠近居民关口计量表箱。

（3）并网电能计量点设置应保证电气安全、计量准确可靠和封闭性。

（4）并网电能计量点设置还应考虑方便用户使用，以及供电企业对计量装置的抄表、换表等日常维护等因素。

案例3：屋顶分布式光伏低压项目案例分析

一、项目概况

本项目建在某针织机械厂厂房的屋顶上面，屋顶可用面积约为1 280 m²，安装组件面积为1 000 m²，安装组件容量为78.75 kW，用以为工厂设备供电，属于“自发自用、余电上网”形式。

项目选用250 W多晶硅光伏组件315块，总装机容量78.75 kW。安装组件的厂房为混凝土平屋顶。

本项目组件安装布局呈20块×12排、19块×4排的方阵。混凝土平顶采用20°倾斜安装，可以比相同容量组件增加2%发电量。方阵间留1.2 m以上通道，防止光照阴影面积的遮挡，便于维护。

支架固定在屋顶水泥墩基上，光伏组件安放在混凝土屋面上。利用支架，组成水泥墩基方阵，保证光伏组件的稳定。支架采用深度热镀锌钢型材，光伏组件通过槽铝和压块固定，槽铝宽度为50 mm。

二、用户现状

根据用户资料，该用户2015年最高负荷96.15 kW，平均负荷为26 kW，为高供低计用户，配置有1台200 kV·A箱式变电站，目前1回电源进线由110 kV变电站10 kV 1F2线支线2号电杆提供。用户配电接线示意图如图8-2所示。

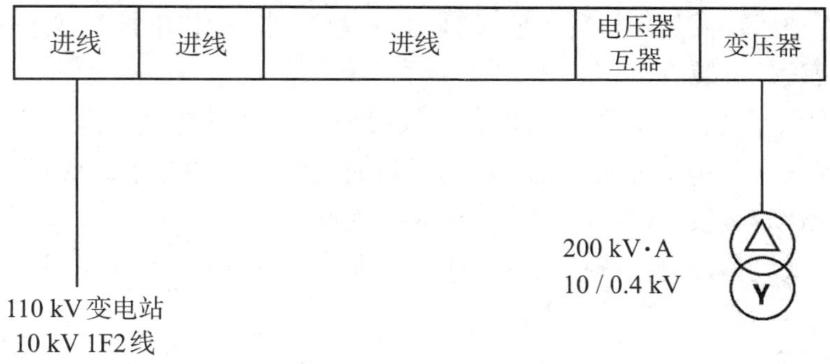

图8-2　用户配电接线示意图

三、光伏并网技术方案

（一）电压等级选择

本工程为78.75 kW屋顶分布式光伏发电项目，发电量消纳方式为“自发自用、余电上网”。区内有10 kW和380 V两种电压等级，本期用户配电容量为200 kV·A，具备低压接入条件，因此采用380 V电压等级接入用户内部箱式变电站。

（二）接入方案选择

根据所确定的接入系统的电压等级原则，结合用户提供的分布式光伏发电项目方案，提出如下本期光伏发电项目接入系统方案。

本期光伏发电项目接入方式：厂区屋顶光伏容量总计78.75 kW，通过2台30 kW和1台20 kW逆变器逆变输出接入用户低压并网柜，并网柜安放于用户2楼车间，并网柜输出1回380 V线路接入用户原有箱式变电站空置备用开关。

（三）电气计算

1. 有功平衡

本期光伏容量约为78.75 kW，考虑发电效率，最高出力约为65.3 kW。根据用户用电负荷及用电情况可以看出，在大部分时段光伏出力基本上在厂区内部消纳，只有某些特定的时段，如厂区放假等，光伏出力不能在厂区内完全消纳，会有部分上送情况。

2. 短路电流计算

光伏电源输出为逆变器输出，当系统发生短路时，所选逆变器最大电流不得超过额定电流的1.5倍，短路计算公式为

$$I=1.5\times\frac{S_n}{\sqrt{3}U}=1.5\times\frac{80}{\sqrt{3}\times1.5}=6.6\text{（A）}$$

式中：S_n为逆变器额定功率。

即光伏发电系统可向10 kV系统侧提供6.6 A的短路电流。

短路电流水平满足项目所在地区的10 kV配电网典型供电模式技术规范的要求。

3. 电压波动计算

光伏发电系统由于其不稳定性，如天气变化，昼夜交替，整个光伏发电系统的投入、切除及设备故障等原因，都会引起系统有功和无功的变化，从而影响电压的波动。由于本期光伏容量较小，对电压波动基本不会造成影响。

将分布式光伏发电系统接入后，计算其接入点处的电力系统母线的电压波动，计算公式为

$$d\approx\frac{\Delta Q_i}{S_{sc}}\times100\%=\frac{78.75/1\ 000}{\sqrt{3}\times10.5\times13.88}=0.03\%$$

案例4：分布式光伏10 kV并网接入工程实例

一、工程项目

某微电网技术有限公司新建分布式光伏10 kV并网接入项目，公司占地面积26 000 m^2，建筑面积16 000 m^2，装机容量2 MW。

二、客户现状

该区块现有220 kV变电站1座（容量2×180 MV·A）、110 kV变电站1座（容量2×50 MV·A）。110 kV变电站现有10 kV间隔20回，已出15回，尚余5回。接入方案如下。

该公司分布式光伏发电设计装机容量2 103.75 kW，终期装机容量2 003.75 kW，分布于公司的2个车间屋顶。计划开工时间2016年7月12日，计划投产时间2016年10月20日。项目初步接入方案为太阳能电池组件，每22块组件串联成一串，经4台500 kW

逆变器输出，4路315 V交流电通过2台型号为SCB10-1000kVA（10.5 kV/315 V/315 V）的双分裂升压变压器（干式变压器）升压至10 kV，再以2回10 kV线路分别接至AH2-AH3高压柜内汇流，最终以1回与用户原有10 kV母排T接，实现单点接入并网供电。

发电性质：电量消纳的方式为“自发自用、余电上网”，电能计量采用双向计量方式。

案例5：分布式光伏380 V并网接入系统工程实例

一、工程项目简介

其玻璃有限公司分布式光伏发电项目建设总容量为6 MW。公司东区厂房有2台配电变压器：1台100 V·A，1台500 kV·A；西区厂房有4台1 800 kV·A变压器。企业为三班倒连续生产，负荷相对稳定，总负荷为6 500 kW。

二、客户现状

该企业由110 kV的A变电站及110 kV的B变电站各出1回10 kV线路供电，正常运行时由A变电站主供。

A变电站现有2台主变压器，容量为2×40 MV·A，电压等级为110/10.5 kV；B变电站现有2台主变压器，容量2×31.5 MV·A，电压等级为110/10.5 kV。

三、接入方案

该企业金太阳示范工程分布式光伏总装机容量为6 MW，采用分散发电、就地逆变方式，以380 V电压等级分散并网于该企业12栋厂房配电区低压侧。

光伏电池组件分散安装在12个厂房楼顶，分12个500 kW逆变单元，1～10号逆变单元接入西侧新建厂区总配电室低压侧；11～12号逆变单元接入东侧厂区配电室低压侧。

案例6：分布式光伏220 V并网接入系统工程实例

一、项目地勘查

某农户自建住宅，南北朝向，在闲置的楼顶装上光伏电站，选用的是300 W的组件，经过测算，楼顶面积可以安装30块组件。

二、系统设计

组件的朝向、倾角完全一致，分为3个相同的组串，每串10块组件，接到逆变器的直流侧。

（一）设计方案

户用分布式光伏发电系统设计方案如图8-3所示。

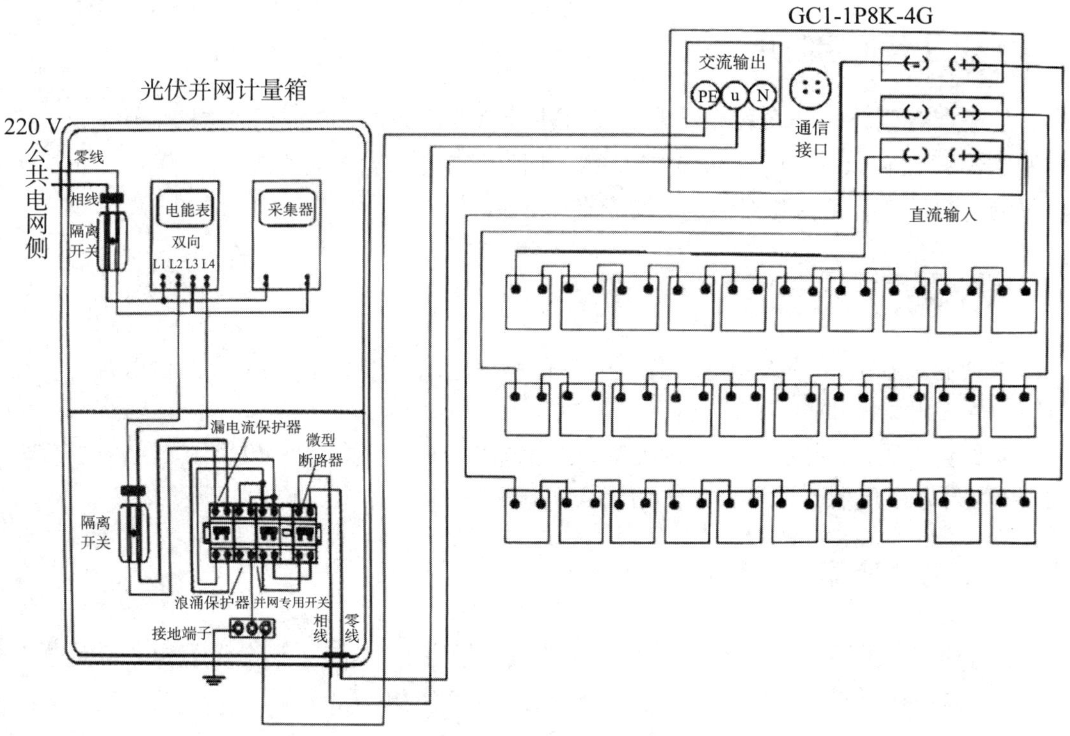

图8-3　户用光伏系统设计方案

（二）消纳方式

此项目的消纳方式为“自发自用、余电上网”，并网点就近220 V接入电网。

三、材料设备的选择

（一）光伏组件的选择

该用户希望装机容量尽量大，故在设计时考虑选择了300 W的高效组件。该组件有着优异的低辐照性能，组件的主要参数P_m=300 W，U_{oc}=39.8 V，U_{mpp}=32.6 V，I_{mp}=9.19 A，I_{sc}=9.77 A。

根据组件的型号和敷设的数量计算得到9.0 kW（300 W×30块）的装机容量。

根据装机容量、组件实际排布情况来选择合适的逆变器。

（二）并网逆变器的选择

该项目容量为9 kW且并网电压为220 V，故选择单相三路GCI-1P8K-4G这款光伏逆变器，超配比为1.25倍，如表8-4所示。

表8-4　9 kW逆变器电气参数

GCI-1P8K-4G			
直流输入参数		交流输出参数	
最大直流输入功率/kW	9.2	额定输出功率/kW	8
最大直流输入电压/V	600	最大输出功率/W	8.8
最大直流输入电流/A	11/11/11	额定输出电压/V	220
直流启动电压/V	120	最大输出电流/A	36.6
MPPT电压范围/V	80～550	输出电压频率/Hz	50
MPPT路数/每路MPPT输入路数	3/1	电流总谐波	小于1.5%

（三）直流侧线缆选择

直流侧线缆多为户外铺设，需要具备防潮、防晒、防寒、防紫外线等性能，因此分布式光伏发电系统中的直流侧线缆一般选择光伏认证的专用线缆。考虑到直流插接件和光伏组件输出电流，目前常用的直流侧电缆为PV1-F1×4 mm²。

（四）交流侧线缆的选择

交流侧线缆主要用于逆变器交流侧至交流汇流箱或交流并网柜的部分，可选用YJV型电缆。长距离铺设还要考虑到电压损失和载流量大小，8 kW单相交流线缆推荐使用YJV-0.6/1 kV-3×10 mm²。

（五）内部设备选型

1. 断路器

断路器的一端接逆变器，一端接电网侧。交流断路器一般选择逆变器最大交流输出电流的1.25倍以上，8 kW逆变器交流输出最大电流为36.6 A，即至少选择50 A的断路器。

2. 熔断器

如浪涌保护器被雷电击穿失效，则造成回路短路故障，为切断短路电流，需要在浪涌保护器加一组熔断器或空气开关，熔断器的选择参照8 kW户用分布式光伏发电系统典型设计。

3. 浪涌保护器

本项目选用限压型、2P的浪涌保护器，选择规格U_c=385 V，I_{max}≥20 kA，I_n≥10kA，U_p≤1.5 kV。

4. 并网专用开关（自复式过/欠电压开关）

本项目使用的自复式过/欠电压保护器规格为工作电压AC 220 V/50 Hz，额定电流50 A，过电压值AC（270±5）V，欠电压值AC（170±5）V，保护动作时间不大于1 s，延时接通时间不大于1 min。

5. 隔离开关

隔离开关选择额定电流为63 A。

案例7：法门寺光伏电站与麟游光伏电站

一、法门寺光伏电站

该项目利用法门寺景区屋面以及停车场车棚建设光伏电站。由扶风慈阳新能源科技有限公司投资建设。本项目作为宝鸡市扶风县分布式规模化示范光伏项目，有利于实现“调结构、增效益”的经济工作目标，同时光伏电站在车棚顶敷设光伏板，整体建设从颜色、结构都与法门寺景区环境相得益彰，浑然一体，起到了很好的示范作用。并且有利于当地经济和社会发展，对于扶风县清洁能源项目开发具有良好带动和示范作用。

法门寺光伏电站于2017年5月提交申请，从具备并网条件到并网完成仅用了3天时间，当地电网公司营销部克服困难，开辟绿色通道，确保了用户按计划并网。预计年平均上网电量为906.76万kW·h，年利用小时数为915.9 h。法门寺光伏电站实景图如图8-4所示。

图8-4 法门寺光伏电站实景图

二、麟游光伏电站

项目由麟游县昌盛太阳能科技有限公司投资建设，装机容量为20 MW，包含光伏农业科技大棚、逆变器室、35 kV开关站、综合楼等。麟游光伏电站通过1回35 kV线路接入九成宫110 kV变电站，新建35 kV线路11 km。建设期4个月，生产运行期为25年。本项目建成后，首年理论发电量为2 421万kW·h，25年理论发电量累计55 055.81万kW·h，年均理论发电量2 202.23万kW·h。本光伏电站年等效满负荷利用小时数为946.96 h。

该光伏电站的大棚内种植了150个大棚的茶叶，黄菊100亩（1亩=666.7 m^2），种植了美国红枫、北美冬青、玫瑰等苗木，种植了油葵、苜蓿、紫背天葵、火龙果、羊肚菌等经济作物，达到了农光互补的效果。

国家对中西部地区的扶持力度逐年加大，尤其是“西部大开发”战略的实施，为陕西省的经济和社会发展创造了难得的机遇和条件。充分利用宝鸡麟游地区清洁、丰富的太阳能资源，把太阳能资源开发建设作为今后经济发展的产业之一，以电力发展带动农业生产、矿产资源开发，可有力促进人民群众物质文化生活水平的提高，推动地区经济以及各项事业的可持续发展。麟游发电站实景图如图8-5所示。

图8-5　麟游发电站实景图

案例8：绝缘电阻的检修

一、项目背景

某光伏扶贫电站，在现场发现有1台逆变器显示“绝缘阻抗过低”，意味着逆变器检测到组件侧正极或负极对地绝缘阻抗过低，说明直流侧线缆或组件出现对地绝缘阻抗异常情况。

二、解决方法

逆变器绝缘阻抗过低一般可以采用以下处理办法。

现场检查组件的直流线缆和接地情况。出现逆变器绝缘阻抗过低的部分原因是直流线缆破损，包括组件之间的线缆、组件至逆变器之间的线缆，特别是墙角的线缆和没有穿管露天铺设的线缆，因此首先需要仔细检查线缆是否有破损情况。另外，光伏发电系统没有良好接地，包括组件接地孔未接地，组件压块与支架没有良好接触，部分支流线缆套管进水等，均会导致绝缘阻抗偏低。

依靠逆变器逐串排查，如果逆变器直流侧为多路接入，可以采用逐一排查的方法对组件进行检测。逆变器直流侧只保留一串组件，开机后查看逆变器是否仍然报错。如不继续报错，则说明连接的组件绝缘性能良好。如继续报错，则说明很有可能是该串组件绝缘不符合要求。例如，20 kW逆变器接入4路，如果拔出某一路，故障报警消失，说明该串组件有故障。使用绝缘电阻表或其他专业设备逐串检测，现场检查时用绝缘电阻表逐串测量组件侧PV+/PV–对地绝缘电阻，电阻需要大于逆变器绝缘阻抗的阈值要求，在部分项目中亦可以借用专用的绝缘测量设备。

案例9：组件和逆变器的配比检修

一、项目背景

某地的一个光伏安装项目使用72块280 W的光伏组件，逆变器采用20 kW，组件采用18块4并的方式和逆变器相连接。客户反映自从并网之后发电量一直不高，同样的安装容量，在光照不好的时候发电量相差不大，但是在光照好的时候发电量会相差10%左右，最多的一天相差10 kW·h。

二、问题分析

得知客户已经装好监控系统，进入手机监控界面，观察逆变器的运行参数，发现两路MPPT电流相差比较大，估计问题出在这里。之后和客户证实，这台逆变器有6组输入接口，客户把3路接在一个MPPT上，另一个MPPT只有1路组串，因此PV2比PV1电流大3倍。

逆变器有多路MPPT，每一路MPPT独立跟踪，因此可以接不同的组串，组串倾斜角度也可以不一样，但每一个MPPT支路都有功率限制。如20 kW的逆变器，有2路MPPT，每一路MPPT回路最多输出11 kW，多接了就会限功率。客户接了3路，输入功率达15.12 kW，多配了4.12 kW，在光照好的时候就会限制发电量，一天损失10 kW·h发电量也就不奇怪了。

案例10：电缆选择错误检修项目

一、项目背景

某客户安装了一个20 kW的光伏发电系统，经过3年多时间运行，发电量逐渐降低，由最初平均每天约70 kW·h，到如今平均每天约60 kW·h，主要表现为中午发电高峰时并网开关经常跳开，现场有时也会闻到烧焦气味。

二、问题分析

从现场上看，组件没有阴影遮挡，表面干净无灰尘，组件颜色一致，没有色差，逆变器没有漏电报警、电网电压报警等信息。检修人员断开逆变器，拆开交流开关的接线和逆变器的接线，发现电缆前端的接线端子已部分氧化呈黑色，周边温度很高。逆变器交流防水接头密封圈没有装，交流接线端子也部分氧化，还有一些水汽。经过分析，客户交流电缆用的是铝线，这是造成接线端子部分氧化的主要原因。

案例11：并网后导致用户因功率因数低被罚款案例分析

一、项目背景

用户反馈1月份存在无功罚款，罚款19 231元。计费周期内功率因数只有0.44，无功功率Q1：80 kvar，无功功率Q4：3 840 kvar，存在无功过补问题。同时客户反馈用户无功补偿装置补偿精确，不存在问题。同时，确认春节放假期间补偿控制器手动关闭，且就地无其他补偿装置。

二、项目调查

为进一步确认用户用电情况，前往现场进行调查，该用户一个月当中仅有10天左右生产，且生产期间负荷为200 kW左右，基本都是白天生产。由于业主负荷小，光伏装机容量大，白天光伏发电时基本处于倒送电状态。客户怀疑罚款的无功主要是晚上逆变器发无功导致。根据客户反馈和现场调查的相关信息，可以确定该用户关口表计量确实主要由光伏发电系统发出。

三、解决方案

因为现场用户配电系统有无功补偿且补偿装置正常，但光伏发电系统未安装任何无功补偿装置，考虑光伏逆变器理论待机无功功率（容性）约为134×280 var=50.92 kvar。理论上只要在光伏并网系统中加装容量为50.92 kvar的感性无功补偿装置即可。因此根据现场情况推荐方案如下。

通过现场2台逆变器来发感性无功，SUN2000-50KTL-ZHM3逆变器最大视在功率为52.5 kV·A，可发最大无功功率为31.5 kvar，因此采用2台逆变器发无功即可满足要求。具体操作方法如下。

（1）打开逆变器夜间无功功能。

（2）在与逆变器通信的数采的Web界面中将功率调度界面中的远程无功功率调度设

置为禁止，无功功率使能设置为禁能。

（3）指定2台SUN2000-50KTL-ZHM3逆变器发固定感性无功（具体功率值需根据现场实际情况测算并验证，同时注意逆变器设置负值为发感性无功，设置正值为发容性无功）。

（4）因为逆变器夜间无功功能打开后夜间会在电池组件负极对地造成负压降，容易导致组件衰减，而现场方案是无PID控制方案，因此需要改造增加PID控制模块并用正常方式启用PID控制功能。

案例12：10 kV分布式并网光伏发电项目

一、项目背景

某工业园区拥有3 000 m^2的工厂屋顶区域，准备投资260万元施工建成一个装机容量为260 kW的分布式光伏电站，成立并网运行10 kV分布式光伏发电项目。

二、设计方案

该屋顶采用“自发自用、余电上网”的方式运行，采用9个太阳能发电单元（即9台逆变器）通过升压变压器接入10kV电路，日平均发电量1 500 kW·h，年总发电量50万kW·h。

三、成效反馈

每年的电费减少10万，还额外获得30万左右的收益，为企业的生产减轻了很大的负担；该项目每年平均收益44万，大约6年就能收回投资成本。按设计使用寿命20年计算，剩余14年里，该项目还能创收616万元。并且发电量除了可以满足整个工厂日常需要之外，还能为工厂附近的300户居民提供用电保障。

参考文献

[1] 李春来. 大规模光伏发电站建设与运行维护[M]. 北京：中国电力出版社，2018.
[2] 国网嘉兴供电公司. 分布式光伏项目并网实例分析[M]. 北京：中国电力出版社，2017.
[3] 周志敏，纪爱华. 太阳能光伏系统设计与工程实例[M]. 北京：中国电力出版社，2016.
[4] 刘继茂，丁永强. 无师自通：分布式光伏发电系统设计、安装与维护[M]. 北京：中国电力出版社，2019.
[5] 国网浙江省电力有限公司嘉兴供电公司. 分布式光伏发电技术及并网管理[M]. 北京：中国电力出版社，2018.
[6] 国网山西省电力公司. 分布式光伏并网指南[M]. 杭州：浙江人民出版社，2016. 9.
[7] 王璟. 光伏并网技术及其应用[M]. 北京：中国电力出版社，2017.
[8] 中国电力企业联合会. 光伏发电接入配电网设计规范：GB/T 50865—2013[S]. 北京：中国计划出版社，2013：1.
[9] 中国电力企业联合会. 光伏发电系统接入配电网技术规定：GB/T 29319-2012[S]. 北京：中国电力出版社，2012：12.
[10] 黄冬冬，吴在军，窦晓波，莫熙，赵波. 光伏规模化并网的电能质量复合控制策略研究[J]. 电力系统保护与控制，2015，43（03）：107-112.
[11] 林海雪. 电网中电压暂降和短时中断问题及其标准介绍[J]. 建筑电气，2015，34（06）：3-7.
[12] 徐群. 分布式电源并网对电能质量的影响分析与评估[D]. 北京：华北电力大学，2012.
[13] 金卓勍. 考虑电能质量问题的分布式光伏接入规划方法[D]. 武汉：武汉大学，2017.